지구의 짧은 역사

지구의 짧은 역사

한 권으로 읽는 하버드 자연사 강의

●

앤드루 H. 놀 지음 | 이한음 옮김

다산사이언스

마샤에게,

모든 것에 감사하며

이 책은 추천자가 서울대학교에서 교양과목으로 가르치고 있는 "지구의 이해"를 축약한 듯하다. 지구라는 행성과 생명체들이 46억 년 동안 얼마나 변화무쌍하게 변해 왔으며 현재 얼마나 위험한 상황으로 달려가고 있는지를 과학적 증거로 보여준다. 이 책을 통해 인간 세계의 한 구성원이 아닌, 지구의 한 생명체로서의 나를 바라봄으로써 독자는 삶의 근본적인 생각이 바뀔 수도 있으며 진심으로 그렇게 되길 바란다.

- 이융남(고생물학자, 서울대학교 지구환경과학부 교수)

먼 옛날 지구가 처음 생겨나 지금과 같은 모습으로 변화해 오는 동안 벌어진 큰 사건들을 짚어 가다 보면 어마어마한 규모의 신화와 같은 감동이 있다. 온 지구가 거대한 얼음덩이로 뒤덮여 수천 년, 수만 년 동안의 겨울이 계속된 시대가 있었는가 하면, 어느 날 땅 깊숙한 곳에서 거대한 불덩이가 치솟아 올라 세상의 거의 모든 생명을 멸종시키는 장면도 있었다. 이 책의 놀라운 가치는 그 장엄한 순간들을 위대한 서사시처럼 강렬하게 묘사하면서도 동시에 도대체 어떻게 그런 일이 있다는 것을 알아냈는지, 조사하고 연구하고 측정하고 계산한 과학자들의 노력을 동시에 같이 담고 있다는 점이다. 돌 속 모래가루를 털어 내어 그 화학성분을 분석하는 이야기가 생명이 행성을 뒤덮는 숭고한 순간으로 연결되는 내용은 과학 책에서 맛볼 수 있는 가장 시적인 순간일 것이다. - 곽재식(과학자이자 소설가, 『미래를 파는 상점』 저자)

....

세계 최고의 지질학자 중 한 명인 앤드루 H. 놀이 지구 역사를 환상적으로 요약한 책이다. 놀은 삼엽충과 공룡부터 인간의 기원과 급변하는 현대에 이르기까지 우리 고향 행성의 46억 년 역사를 흥미진진하고 재치 있으며 읽기 쉽게 풀어냈다. - 스티브 브루사테(뉴욕타임스 베스트셀러 『완전히 새로운 공룡의 역사』 저자)

....

발견과 연구의 최전선에서 수십 년을 보낸 앤드루 H. 놀은 지구를 이끄는 과학자 중 한 명이다. 그는 『지구의 짧은 역사』에서 태양계에 있는 우리 행성의 기원과 내부에 관한 46억 년의 이야기를 다루었다. 이 책을 통해 독자는 우리의 과거, 현재, 미래가 어떻게 지구에 기반을 두고 있는지를 발견하게 될 것이다. - 닐 슈빈(시카고 대학의 고생물학자이자 『내 안의 물고기』 저자)

....

지구의 초기 형성부터 현재에 이르기까지, 우리 행성의 역사를 간결하고 능숙하게 그린다. - 포브스

....

지구의 역사를 능숙하게 압축했다. 모든 것의 역사를 다룬 자연사 입문서.

- 커커스 리뷰

....

지구의 형성과 시작에 대한 숭고한 연대기. 다양하고 풍부한 생명의 대멸종과 회복을 만든 경외심을 불러일으킬 만한 상호작용을 다뤘다. 놀은 우리 행성의 주기와 진화를 나타내는 극단적인 조건, 격변, 그리고 섬세한 연약함을 능숙하게 보여준다. - 《북리스트》

....

이 행성이 '젊은 별 주위를 돌고 있는, 암석 잔해로 만들어진 조용하고 작은 행성'일 때부터 시작해서 광물, 지리적 형성, 대기, 크고 작은 생명체의 발달에 이르기까지 접근하기 쉽게 그려낸 책이다. - AP통신

....

역사적으로 지금 이 순간 매우 필요한 책이다. 놀은 다양한 분야의 사실들을 종합하여 지구의 이야기를 명확하고 접근하기 쉽게 들려준다.

- 《사이언티픽 인콰이어러》

차례

프롤로그

초대

우리는 지구의 중력에 얽매인 채 삶을 살아간다. 그래서 걸음을 내디딜 때마다 바위나 흙을 접할 수밖에 없다. 포장도로나 바닥 마루를 딛는다고 해도 한 꺼풀 벗겨내면 마찬가지다. 항공기를 타고 이륙할 때면 중력의 손아귀에서 벗어났다고 생각할지 모르지만, 그 흥분은 잠깐일 뿐이다. 몇 시간 지나지 않아 중력이 다시금 이기면서, 우리는 단단한 땅으로 돌아올 것이다.

게다가 우리가 지구에 매여 있는 것이 오로지 중력 때문만은 아니다. 우리가 먹는 음식은 대기나 바다에 있는 이산화탄소와 흙이나 바다에서 흡수한 물과 영양소로부터 만들어진다. 또 숨을 들이쉴 때마다 허파에 들어오는 풍부한 산소O_2는 음식물의 에너지를 추출하는 데 쓰이며, 대기의 이산화탄소는 우리가 얼어붙지 않게 막아준다. 또 냉장고 문의 강철, 음료수 캔의 알루미늄, 동전의 구리, 스마트폰의 희토류 등 필수로 쓰이는 갖가지 금속도 모두 지구에서 나온다. 우리에게 이런 온갖 것을 내어주고 우리를 지탱하며 지진이나 태풍이 찾아올 때처럼 이따금 해를 끼치기도 하는 이 거대한 공에 대다수가 별

관심이 없다는 점을 생각하면 놀랍기 그지없다.

　우리는 우주에서 지구가 어디에 있는지를 어떻게 알아낼 수 있을까? 우리의 존재를 규정하는 암석, 공기, 물은 어떻게 생겨났을까? 우리의 대륙, 산과 골짜기, 지진과 화산은 어떻게 설명할 수 있을까? 대기나 바닷물의 조성은 무엇이 결정할까? 우리 주변에 보이는 생명체의 엄청난 다양성은 어떻게 출현했을까? 그리고 아마 가장 중요한 질문일 텐데, 우리 자신의 행동은 지구와 생태계에 어떤 변화를 일으킬까? 이런 질문들은 어느 정도는 과정에 관한 것이지만, 역사적인 것이기도 하다. 그리고 이 책의 기본 틀을 이룬다.

　이 책은 우리 고향인 지구와 그 표면에 퍼져 있는 생물들의 이야기다. 지구의 모든 것은 역동적이다. 지구는 흔히 영속성을 띤다는 인상을 심어주지만, 그 인상은 잘못된 것이며 지구는 끊임없이 변화한다. 한 예로, 보스턴은 온대 기후다. 여름은 따뜻하고 겨울은 추우며, 강수량이 일 년 내내 거의 일정하고 많지도 적지도 않은 수준이다. 계절은 예측 가능한 양상을 띠어서 나처럼 수십 년 동안 그곳에서 살면 보스턴 날씨를 모두 접했다는 느낌을 받을 수도 있다. 그러나 기상학자들은 보스턴의 연 평균 기온이 그곳의 나이 많은 주민이 살아오는 동안 0.6℃ 이상 상승했다고 말할 것이다. 또 우리는 대기의 이산화탄소—지표면 온도의 주요 조절자—양이 1950년대 이래로 약 1/3이 증가했다는 것도 안다. 지구 해수면도 상승하고 있고 바다에 녹아 있는 산소의 양이 비틀스가 유명해지기 시작한 뒤로 약 3퍼센트가 감소했다고 측정 결과들은 말한다.

작은 변화들은 시간이 흐르면서 점점 쌓인다. 보스턴에서 런던까지의 비행 거리는 해마다 약 2.5센티미터씩 늘어난다. 새로 만들어지는 해저 때문에 북아메리카와 유럽이 서서히 양쪽으로 밀리기 때문이다. 시간을 거꾸로 돌릴 수 있다면, 약 2억 년 전에는 북아메리카의 뉴잉글랜드와 영국이 한 대륙의 일부였고, 오늘날 동아프리카에서 보는 것 같은 지구대가 보이며 해저가 막 생기기 시작했음을 알아차릴 것이다. 가장 긴 시간에 걸쳐서 보면, 지구는 정말로 심오한 변화를 겪는다. 한 예로, 우리가 갓 태어난 원시 지구를 돌아다닐 수 있다면, 아마 금방 질식해 죽을 것이다. 당시 지구에는 산소가 없었기 때문이다.

지구와 지구가 부양하는 생물의 이야기는 그 어떤 할리우드 블록버스터보다 훨씬 더 거대하다. 베스트셀러 스릴러도 저리 가라 할 만큼 얽히고설킨 줄거리로 가득하다. 40여억 년 전 아직 젊은 별의 주위를 돌던 암석 부스러기가 뭉쳐서 작은 행성이 생겼다. 초창기에 지구는 거의 대격변이 일어나고 있는 상태였다. 혜성과 소행성이 폭격하듯 쏟아졌고, 표면은 굽이치는 마그마 바다로 덮여 있었으며, 대기는 유독한 기체로 가득했다. 그러나 시간이 흐르면서 지구는 점점 식기 시작했다. 대륙들이 형성되었고, 이 대륙들은 찢기고 충돌하기를 되풀이하면서 거대한 산맥을 밀어 올리곤 했다. 이런 산맥들은 시간이 흐르면서 대부분 사라졌다. 지금까지 인류가 목격한 것보다 100만 배 더 큰 규모의 화산도 분출했다.

전 세계가 빙하로 뒤덮인 일도 되풀이되었다. 그렇게 사라진 무수한 세계의 모습을 우리는 이제야 겨우 끼워 맞추기 시작했다. 이런 역동적인 무대에서 어느 시점엔가 생명이 자리를 잡았고, 이윽고 생명체들은 지표면의 상태를 바꿈으로써 삼엽충과 공룡 그리고 말하고 생각하며 도구를 만들고 더 나아가 세계 자체를 바꿀 수 있는 능력을 지닌 종이 출현할 길을 닦았다.

지구의 역사를 이해하면 우리 주변의 산맥, 대양, 나무, 동물이 어떻게 생겨나게 되었는지를 파악하는 데 도움이 된다. 금, 다이아몬드, 석탄, 석유, 우리가 숨 쉬는 공기도 마찬가지다. 그리고 우리 행성에 대한 이야기는 21세기에 인간 활동이 세계를 어떻게 변화시키고 있는지를 이해하는 데 필요한 맥락을 제공한다. 지구의 전체 역사에

서 인류가 살기 적합했던 시기는 얼마 되지 않으며, 사실 지구 역사
가 주는 한결 같은 교훈 중 하나는 지금 이 순간이 대단히 덧없고 깨
지기 쉬우며 소중하다는 것이다.

요즘에는 마치 「요한 계시록」의 책장을 그대로 찢어낸 듯한 뉴
스 제목을 종종 접한다. 캘리포니아에 유례없는 수준의 산불이 발생
하고 아마존 우림이 불타고 있다거나, 알래스카에 기록적인 열파가
찾아오고 그린란드의 빙하 녹는 속도가 점점 더 빨라지고 있다거나,
카리브해와 멕시코만 지역이 거대한 허리케인에 초토화되었다거나,
미국 중서부에 "100년" 만에 찾아올 법한 규모의 침수가 일어나는 일
이 점점 잦아지고 있다거나, 인도의 여섯 번째 도시인 첸나이에 물이
말라가는 중인데 남아프리카공화국의 케이프타운과 브라질의 상파
울루에서도 같은 일이 벌어지고 있다는 등의 소식이 그렇다.

생물학 쪽에서 들려오는 소식도 그리 나을 것이 없다. 1970년
이래로 북아메리카의 조류 개체군은 30퍼센트나 줄어들었고, 곤충
개체군은 절반까지 줄었다. 그레이트배리어리프의 산호 역시 대규모
로 죽어가고 있으며, 코끼리와 코뿔소의 개체 수도 급감하고 있고, 대
규모 어업 활동으로 전 세계의 어류가 위험에 처해 있다는 소식 등이

다. 개체군 감소가 곧 멸종은 아니지만, 멸종으로 향하는 길을 가고 있다는 점은 분명하다.

지금 세계가 미쳐 날뛰고 있는 것일까? 한마디로 답하면, 그렇다. 그리고 우리는 그 이유를 안다. 범인은 바로 우리다. 우리가 온실가스를 대기로 뿜어냄으로써 지구를 덥힐 뿐 아니라, 열파, 가뭄, 폭풍의 규모와 빈도를 증가시키고 있기 때문이다. 그리고 인류는 토지이용 변화, 남획, 기후 변화를 야기함으로써 종들을 멸종으로 내몰고 있다. 이런 점들을 생각할 때, 아마 가장 우울한 소식은 사람들의 반응일 것이다. 이 변화에 무관심이 만연해 있기 때문이다. 내 조국인 미국은 더욱더 그렇다.

이토록 많은 사람들이 우리 다음 세대의 삶을 바꿔놓을 지구적인 변화에 거의 신경도 안 쓰는 이유가 대체 무엇일까? 1968년 세네갈 산림 감시원 바바 디움^{Baba Dioum}은 기억에 남을 답을 내놓았다. "결국 우리는 자신이 사랑하는 것만을 보존할 것이고, 자신이 이해하는 것만을 사랑할 것이며, 자신이 배운 것만을 이해하게 될 겁니다."

그러므로, 이 책은 지구를 이해하려는 시도이다. 우리 행성을 여기까지 오게 한 기나긴 역사 속으로 독자를 이끄는 초대장이자 40억 년에 걸쳐 이루어진 세계가 인간 활동을 통해 얼마나 심각하게 바꿔

고 있는지를 인식하라는 권고, 그리하여 우리가 무엇을 해야 할지도
알아보자는 것이다.

① 화학적 지구

행성 만들기

태초에…… 음…… 알아볼 수 없을 만치 작으면서 상상할 수도 없을 만치 밀도가 높은 점, 얼룩, 티끌이 하나 있었다. 텅 빈, 아주 드넓은 우주의 어느 한곳에 물질들이 빽빽하게 모여 있던 것이 아니었다. 그 점 자체가 우주였다. 어떻게 그랬는지는 아무도 모른다.

그 전에 무슨 일이 있었는지도—있다고 친다면—마찬가지로 수수께끼이지만, 약 138억 년 전 이 우주의 원초적인 싹이 갑자기 급속도로 팽창하기 시작했다. 이 대폭발, 즉 '빅뱅Big Bang'으로 엄청난 양의 에너지와 물질이 바깥으로 밀려나갔다. 그 물질은 우리가 흔히 보는 암석과 광물이 아니었다. 암석, 공기, 물을 이루는 원자조차도 아니었다. 우주의 여명기에 있던 물질은 이윽고 뭉쳐서 원자를 이루게 될 신기한 아원자 입자들인 쿼크quark, 렙톤lepton, 글루온gluon이었다.

우주와 그 역사에 관한 우리 지식은 주로 가장 덧없이 사라지는 원천에서 나온다. 바로 빛이다. 밤하늘에 뚫린 바늘구멍으로 새어나오는 것 같은 빛의 점들은 우주가 어떻게 진화했는지를 이해하는 데 도움을 준다. 무엇보다도 우리에게 오는 복사선을 이루는 여러 파장들의 세기는 광원의 조성을 알려준다. 우리 눈은 아주 좁은 범위의 파장밖에 보지 못하지만, 별을 비롯한 천체들은 전파와 마이크로파에서 엑스선과 감마선에 이르기까지 폭넓은 복사선 스펙트럼을 방출하거나 흡수한다. 그 방출과 흡수를 겪은 각 파장의 빛은 저마다의 이야기를 간직한다. 그리고 중요한 점은 빛이 엄격한 속도 제한을 따른다는 것이다. 우주 공간에서 빛은 초속 299,792,458미터로 나아간다. 태양에서 나온 햇빛은 8분 20초 뒤에 우리 눈에 보이며, 더 멀리 떨어진 별을 비롯한 천체들의 빛은 훨씬 더 일찍 뿜어진 것이다. 가장 멀리 떨어져 있는 천체의 빛은 훨씬 더 일찍 뿜어졌기에 우리 눈에 보인다. 별이 빛나는 하늘이 천체의 역사책인 이유가 이 때문이다.

하늘 전체에 균일하게 퍼져 있는 마이크로파는 빅뱅과 그 직후의 이야기를 들려주며, 시간이 시작된 지 수십만 년 뒤에 생성된 1세대 별에서 나온 복사선은 지금에야 겨우 우리에게 도달하고 있다. 이 초기 별은 어떻게 생성되었을까? 모두 중력과 관련이 있다. 중력은 우주의 건축가다. 중력은 물체 사이에 작용하는 인력으로, 인력의 세기는 두 물체의 질량과 거리에 따라 정해진다. 팽창하는 초기 우주에서 원자가 형성되자, 중력이 작용하여 원자들을 서로 끌어당기기 시작했다. 군데군데 원자들이 점점 모이기 시작했고, 모일수록 중력의 끌어당기는 힘도 더 세졌다. 이윽고 모인 원자들은 붕괴하여 뜨겁고 밀도가 높은 공이 되었다. 너무나 뜨겁고 높은 밀도에 수소^{H}의 원자핵들은 서로 융합하여 헬륨^{He}이 되었고 빛과 열을 뿜어냈다. 그리고 이 일련의 모든 일 뒤에 별이 탄생한다. 크고 뜨거우며 수명이 짧았던 이 원시적인 별들은 그 뒤에 나올 모든 것들을 위한 길을 닦았다. 물론 우리 자신까지 포함해서다.

빅뱅으로 생성된 물질은 대부분 가장 단순한 원소인 수소 원자였고, 중수소(수소에 중성자가 하나 추가된 것)와 헬륨도 약간 있었다. 리튬도 아주 조금 있었고, 다른 가벼운 원소들도 그보다 더 적게 생기긴 했다. 하지만 미미한 수준이었다. 사실 생겨난 것이 더 있긴 했다. 그러나 우리는 그것이 무엇인지 잘 모른다. 1950년대에 천문학자들은 별과 은하(별, 가스, 먼지가 마찬가지로 중력으로 묶여 있는 집합)의 움직임을 이용하여 깊은 우주에서의 중력을 계산하기 시작했다. 그런데 하늘에서 보이는 알려진 모든 물체들의 질량을 더했을 때, 그들은 하늘에서 관측한 사항들을 설명하기에는 질량이 모자란다는 점을 알아차렸다. 우주에 다른 무언가가 있어야 했다. 중력을 통해 일반적인 물질과 상호작용을 하면서도 빛과는 상호작용을 하지 않는 무언가가 있는 것이 틀림없었다. 천문학자들은 그것에 암흑물질$^{dark\ matter}$

이라는 이름을 붙였다. 그들은 그 뒤로 암흑물질이 무엇일지 곰곰이 생각했지만, 아무도 확실하게 말하지 못한다. 게다가 우주가 돌아가는 양상을 설명하려면 암흑에너지$^{dark\ energy}$라는 더욱 수수께끼 같은 것도 있어야 했다. 암흑물질과 암흑에너지는 존재하는 모든 것의 약 95퍼센트를 차지한다고 여겨진다. 즉, 우주를 만드는 데 주된 역할을 한다고 여겨지는데도 우리가 찾아내지 못한 수수께끼의 구성 요소들이다. 우리는 아직 배울 것이 많다.

이제 평범한 물질로 돌아가자. 별빛의 시대가 시작되었을 때, 우주는 (주로) 수소 원자들이 퍼져 있는 차가운 곳이었다. 초기 별이 헬륨을 더 만들어내고 있었지만, 지구를 만드는 데 필요한 물질들(〈표 1-1〉 참조)은 거의 없었다. 우리 행성을 만드는 데 필요한 철^{Fe}, 규소^{Si}, 산소는 어디에서 나왔을까? 우리 몸을 이루는 탄소^{C}, 질소^{N}, 인^{P} 같은 원소들은? 이런 원소들은 모두 더 후대의 별에서 기원했다. 이 후대의 별들은 훗날 우리 행성을 이루게 될 원자들의 제조 공장이었다. 큰 별의 고온과 고압 속에서 가벼운 원소들은 융합하여 탄소, 산소, 규소, 칼슘^{Ca}이 되었고 철, 금^{Au}, 우라늄^{U} 같은 무거운 원소들은 초신성이라는 거대한 별의 폭발로 생겼다. 우리가 거울 속에서 보는 얼굴은 길게 잡아 수십 년이 되었을지도 모르지만, 그 얼굴은 수십억 년

표 1-1

지구와 생명의 원소 조성

(무게 비율, 퍼센트)

지구	
철	33
산소	31
규소	19
마그네슘	13
니켈	1.9
칼슘	0.9
알루미늄	0.9
기타	0.3
사람 몸의 세포	
산소	65
탄소	18
수소	10
질소	3
칼슘	1.5
인	1
기타	1.5

전 고대의 별에서 생긴 원소로 이루어져 있다.

별은 기나긴 시간에 걸쳐 태어나고 죽으며, 그 한 생애 주기가 지날 때마다 새로운 원소가 늘어났다. 오늘날 지구와 생명 속에 농축되어 있는 원소들이다. 그리고 은하들이 합쳐지고 블랙홀(어떤 빛도 탈출하지 못할 만치 밀도가 높은 공간)도 출현하면서, 우주는 서서히 오늘날 우리가 보는 모습을 갖추어 갔다.

이제 약 46억 년 전으로 가자. 은하수라고 부르는 우리 은하의 나선 팔 안에서 수소 원자들과 소량의 가스, 얼음 알갱이, 광물 알갱이가 별 특징 없는 구름을 이루고 있는 곳에 초점을 맞추자. 처음에 이 구름은 크고, 흩어져 있으며 차가웠다. 정말로 차가웠다. 온도가 10~20K(절대온도, '켈빈'이라고 읽는다), 즉 −263~−253°C였다. 아마 근처의 초신성에 떠밀려서 그랬을 수도 있지만, 이 구름은 응축하기 시작하면서 훨씬 더 작고 조밀한 뜨거운 성운이 되어 갔다. 우주에서 수십억 번 일어났던 일이 다시금 일어났다. 중력이 이윽고 구름을 끌어당겨서 뜨겁고 촘촘한 덩어리를 만들었다. 바로 우리 태양이다. 성운의 수소는 대부분 태양으로 끌려들어 갔지만, 얼음과 광물 알갱이는 남아서 갓 생긴 태양 주위를 원반처럼 돌았다. 오늘날 토성 주위를 돌고 있는 미세한 알갱이로 된 고리를 떠올리게 하는 형태다(〈그

그림 1-1

칠레 북부의 아타카마 사막에 설치된 전파망원경인 아타카마 대형 밀리미터 집합체ALMA가 포착한 이 놀라운 이미지는 태양과 비슷한 젊은 별인 HL 타우리HL Tauri와 그 주변의 원시행성계 원반을 보여준다. 이 미지에 뚜렷이 보이는 고리와 간격은 형성되고 있는 행성이 자기 궤도에 있는 먼지와 가스를 휩쓸면서 생겨난 것이다. 45억 4,000만 년 전 우리 태양계도 이런 모습이었을 것이다.

림 1-1〉). 처음에 이 원반은 자신을 형성한 광물과 얼음 알갱이를 증발시킬 만치 뜨거웠지만 수백만 년의 시간이 흐르는 동안 식어 갔다. 태양의 열기에 가까운 쪽은 더 느리게, 더 먼 쪽은 더 빨리 식었다.

　우리는 일상생활에서 많이 접했기에, 물질마다 녹거나 굳는 온도가 다르다는 것을 안다. 예를 들어, 지표면에서 물은 $0°C$에 얼지만, 이산화탄소는 훨씬 더 낮은 온도인 $-78.5°C$에 얼어서 드라이아이스가 된다. 거의 동일한 방식으로, 암석에 들어 있는 광물은 전구물질이 녹아 수백 °C에서 1,000°C 이상까지의 온도 범위에서 굳어 결정이 된다. 이런 이유로, 행성계 원반이 식을 때 물질마다 결정이 되어 고체를 형성하는 시기와 지점이 다르며, 모두 태양의 열기로부터 얼마나 떨어져 있느냐와 관련이 있다. 칼슘, 알루미늄^{Al}, 티타늄^{Ti}의 산화물이 가장 먼저 형성되었고 이어서 철, 니켈^{Ni}, 코발트^{Co} 같은 금속 산화물이 생겨났다. 태양에서 더 먼 이른바 결빙선 너머에는 얼음, 이산화탄소^{CO_2}, 일산화탄소^{CO}, 메테인^{CH_4}, 암모니아^{NH_3}가 생겼다. 바다, 대기, 생명의 구성 성분들이다. 광물과 얼음 알갱이들은 충돌하여 더 큰 알갱이가 되었고, 그것들은 다시 들러붙어서 더욱 큰 물체가 되었다. 수백만 년이 흐르자, 한때 원반이 있던 곳에는 커다란 공 모양의 구조물 몇 개만 남아 있었다. 그중 '태양에서 세 번째로 떨어진 암석'이 바로 지구다. 지구는 태양에서 약 1억 5,000만 킬로미터 떨어진 궤도를 도는 돌덩어리였다.

　구체적으로 지구는 어떤 과정을 거쳐서 모습을 갖추었고, 우리는 지구의 유아기에 관해 무엇을 알 수 있을까? 빛이 우주의 역사를 말해준다면, 암석은 우리 행성의 역사를 알려준다. 그랜드캐니언을 바라보거나 루이스 호수를 둘러싼 산봉우리들에 감탄할 때, 우리

는 돌에 새겨진 지구의 역사서들로 가득한 자연의 도서관을 보고 있
는 것이다. 퇴적암―이전의 암석이 침식되어 생긴 자갈, 모래, 진흙으
로 된 암석이나 수생생물이 쌓여서 형성된 석회암―은 범람원과 해
저에 쌓인 침전물이 굳어져 생기며, 쌓일 당시 그 지역 지표면의 물리
적, 화학적, 생물학적 특징을 층층이 기록하고 있다. 화성암―지구 깊
숙한 곳에서 녹은 물질로부터 형성된 암석―은 지구의 역동적인 내
부 모습을 알려주며, 퇴적암이나 화성암이 지구 깊은 곳 고온 고압의
환경에서 변형되어 생긴 변성암도 그렇다. 종합하자면, 이런 암석들
은 지구의 유년기에서 성숙기에 이르기까지의 발달 과정, 세균에서
우리에 이르기까지 생명의 진화라는 장엄한 이야기뿐 아니라, 아마
가장 원대한 이야기일 지구의 물리적 측면과 생물학적 측면이 서로
어떤 식으로 영향을 미쳐 왔는지도 들려준다. 지질학자로서 40년을
보냈음에도, 나는 여전히 영국 남부 도싯 해안의 절벽을 볼 때면 경이
로움을 느끼면서 1억 8,000만 년 전의 지구가 어떤 모습이었을지 상
상하곤 한다. 뒤에서 알게 되겠지만, 더욱 놀라운 점은 수십억 년 전
에 살았던 지구와 생명의 모습을 알려주는 암석도 있다는 것이다.

　로키산맥이나 알프스산맥의 위압적인 봉우리를 더 자세히 들
여다보면, 지구 역사의 또 다른 측면이 눈에 들어온다. 봉우리의 뾰

족뾰족한 모양은 퇴적으로 형성된 것이 아니다. 정반대로 침식을 통해 조각된 것이다. 암석을 깎아내는 이 물리적, 화학적 과정은 암석이 본래 지녔던 이야기를 지워버린다. 지구는 한 손으로는 자신의 역사를 쓰면서 다른 손으로는 쓴 역사를 지운다. 그리고 시간을 거슬러 올라갈수록, 지우는 손이 더 바쁘게 움직인다. 지구는 약 45억 4,000만 년 전에 형성되었지만, 지금까지 알려진 지구의 가장 오래된 암석은 약 40억 년 전의 것이다. 더 오래된 암석도 틀림없이 존재했지만, 침식되어 사라졌거나 깊이 묻혔다가 변성 작용을 통해서 알아볼 수 없는 형태로 변형되었다. 캐나다나 시베리아의 어느 오지 언덕에 발견되기를 기다리는 일부가 아직 남아 있을지도 모르겠지만, 대체로 지구 역사의 처음 6억 년은 이 행성의 암흑기에 해당한다.

역사 기록이 없는데 어떻게 지구의 유아기를 재구성할 수 있을까? 일종의 예비용 사본이 따로 보관되어 있기 때문인데, 그것은 바로 운석이다. 운석은 초기 태양계에서 살아남은 돌덩어리가 지구에 떨어진 것으로서, 종종 떨어진다. 지구를 비롯한 행성들이 45억여 년 전에 생겨났다고 우리가 확신하는 것은 이런 특별한 암석을 이루는 광물들에 갇힌 지질학적 '시계'를 보고 나서다(지구 역사의 연대 측정은 뒤에서 좀 더 다룰 것이다). 콘드라이트chondrite라는 몇몇 운석은 콘

그림 1-2 알렌데Allende 운석. 1969년 지구에 떨어진 탄소질 콘트라이트로, 박혀 있는 둥근 알갱이는 콘드룰이다. 이 둥근 암석 덩어리는 태양계 역사의 초기에 형성되었다가 서로 뭉쳐서 점점 더 큰 덩어리를 이룬 끝에 지구 같은 태양계의 내행성을 만들었다. 탄소질 콘드라이트에는 물과 유기분자도 포함되어 있는데 나중에 우리 대기, 바다, 생명의 일부가 되었다. 옆에 놓인 1cm³ 정육면체는 크기 비교용이다.

드룰chondrule이라는 밀리미터 크기의 둥근 알갱이로 이루어져 있는데, 행성 형성의 가장 초기 단계 때 이 작은 알갱이들이 서로 부딪쳐서 좀 더 큰 덩어리를 이루었다고 여겨진다(〈그림 1-2〉). 콘드룰의 조성을 상세히 분석한 결과들은 이 견해와 들어맞는다. 콘드룰에는 태양계 원반이 식을 때 가장 먼저 응축된 칼슘, 알루미늄, 티타늄 광물뿐 아니라, 가까운 초신성에서 뿜어졌다가 나중에 태양계가 형성될 때 섞인 희귀한 알갱이들도 들어 있다. 콘드라이트 운석은 초기 태양계의 기록을 고스란히 보존하고 있을 뿐 아니라, 그 화학적 조성은 콘드라이트 운석 속 물질들이 지구 자체를 형성하는 데 주된 역할을 했음을 시사한다.

　　수백만 년 사이에 태양 주위의 암석과 얼음은 대부분 뭉쳐서 행성이 되었다. 기존 견해는 먼지만 한 알갱이들이 뭉쳐서 더 큰 알갱이를 이루고, 이 큰 알갱이들이 모여서 더욱더 큰 덩어리를 이루는 식으로 점점 커져서 이윽고 지름이 킬로미터 단위에 이르는 미微행성planetesimal을 이루었다고 본다. 오늘날 화성과 목성 사이의 궤도에 있는 많은 소행성과 비슷한 크기다. 또 다른 가설은 자갈만 한 덩어리들이 한꺼번에 뭉쳐서 곧바로 행성만 한 천체가 형성되었다고 말한다. 어쨌든 이렇게 뭉치는 강착 과정이 끝났을 때, 태양 주위에 달 크기부터 화성만 한 사이즈에 이르는 천체들이 약 100개 생겨났다. 이 천체들은 충돌하여 태양계의 행성을 이루었으며, 이 격변 중 하나는 우리의 고향이 될 행성에 지대한 영향을 미쳤다. 지구가 거의 완성된 지 수천만 년 뒤에 화성만 한 천체가 이 갓 생겨난 행성에 충돌했다. 엄청난 양의 바위와 가스가 우주 공간으로 흩어졌다. 튀어나간 물질 중 대부분은 다시 뭉쳐서 비교적 작은 암석 덩어리가 되었는데, 지구 주위의 궤도에 영구히 갇히게 된 이 암석 덩어리는 훗날 지구의 위성인 달로 불리게 된다. 고요한 보름달은 시적인 영감을 줄지 모르지만 사실 격변의 산물이며, 달의 암석을 꼼꼼히 연구함으로써 그 비밀이 밝혀졌다.

지구는 적도의 지름이 12,746킬로미터인 암석 덩어리다(사실 우리 행성은 완전한 구형이 아니다. 자전 때문에 적도 쪽은 불룩하고 극 쪽은 좀 편평하다). 지구를 절반으로 자른다면(실제로 해보라고 추천하는 것은 아니다), 지구가 균질하지 않다는 사실을 알아차릴 것이다. 지구 속은 잘 익힌 계란처럼 동심원상으로 여러 층을 이루고 있다(〈그림 1-3〉). 지구의 '노른자'는 중심핵이다. 뜨겁고 아주 조밀하며, 지구 질량의 약 1/3을 차지한다. 중심핵은 주로 철로 되어 있고, 니켈이 약간 섞여 있으며, 수소, 산소, 황^S, 질소 등 더 가벼운 원소들이 약 10퍼센트를 차지한다고 추정된다. '추정된다'고 말할 수밖에 없는 것이 표본을 채집하러 지구 중심까지 간 사람이 아무도 없기 때문이다. 그런 생각을 한 쥘 베른$^{Jules Verne}$이 존경스럽긴 하지만. 지진으로 생긴 에

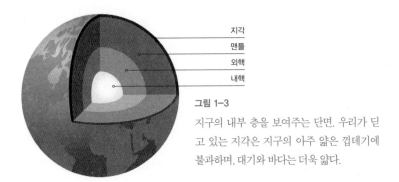

지각
맨틀
외핵
내핵

그림 1-3

지구의 내부 층을 보여주는 단면. 우리가 딛고 있는 지각은 지구의 아주 얇은 껍데기에 불과하며, 대기와 바다는 더욱 얇다.

너지 파동은 병원의 CT 스캐너와 매우 비슷한 역할을 하며, 이런 파동이 땅속에서 어떻게 전달과 반사되고 휘어지며 흡수되는지를 분석하면 중심핵의 크기와 밀도 등을 알 수 있다. 밀도를 분석하면 중심핵이 설령 전부는 아니라고 해도 대부분 철로 이루어져 있음을 알 수 있다. 연구실에서 실험과 계산을 하니, 앞에 말한 것 같은 가벼운 원소들이 섞여 있다고 해야 관측한 밀도와 들어맞았지만, 실제 정확한 조성은 알지 못한다. 이 문제의 유일한 해답이 될 조성을 찾아낸 사람이 아직 아무도 없기 때문이다. 중심핵은 내핵과 외핵으로 이루어져 있으며, 내핵은 반지름이 1,226킬로미터이고 고체인 반면, 외핵은 두께가 2,260킬로미터이며, 녹아 있는 상태다. 외핵은 대류를 통해 서서히 움직인다. 아래쪽에 있는 더 뜨겁고 밀도가 높은 물질은 솟아오르고 위쪽의 더 차갑고 밀도가 낮은 물질은 서서히 가라앉는다. 외핵의 이 움직임은 일종의 발전기 역할을 하며, 그 결과 지구의 자기장이 생성된다. 우리는 일상생활을 하면서 지구 자기장을 떠올릴 일이 그다지 없지만, 지구 자기장에 감사해야 마땅하다. 자기장은 태양풍(태양에서 뿜어지는 강력한 하전 입자 흐름)에 대기가 휩쓸려 나가지 않게 보호하고, 나침반의 바늘을 북쪽(대략적으로)으로 향하게 하는 유용한 일을 해주기 때문이다.

중심핵 바깥은 맨틀―우리 행성 달걀의 흰자―이 둘러싸고 있다. 지구 질량의 약 2/3를 차지하는 맨틀은 주로 규산염 광물로 이루어져 있다. 규산염 광물은 이산화규소^{SiO_2}(석영은 순수한 결정 형태다)가 풍부한 광물이다. 그 외에 마그네슘^{Mg}도 들어 있고, 철, 칼슘, 알루미늄이 그보다 적게 섞여 있다. 맨틀에 관해 우리가 아는 지식도 상당 부분 지진파 연구를 통해 얻은 것이다. 실험을 통해서도 얻는다. 그러나 이따금 지구는 약간의 맨틀을 지표면으로 올려보내곤 한다. 특히 다이아몬드는 깊은 내부에서 올라오는 눈에 잘 띄는 전령에 속한다. 지하 160킬로미터를 넘는 곳에서 형성된 순수한 탄소의 단단한 결정 형태인 다이아몬드는 마그마를 통해 지표면으로 운반된다. 마그마는 녹은 용암과 화성암의 원천이다. 영화「신사는 금발을 좋아해」의 로렐라이 리(마릴린 먼로)는 다이아몬드가 여성의 최고의 친구라고 말하지만, 다이아몬드는 지질학자의 친구이기도 하다. 다이아몬드에는 실험실에서 연구할 수 있는 맨틀 물질이 대개 조금 들어 있기 때문이다.

맨틀은 고체이지만, 긴 시간에서 보면 대류가 일어난다. 3차원상에서 맨틀 순환이 정확히 어떻게 이루어지는지는 아직 논쟁거리이며, 맨틀의 모든 부분이 지표면으로 솟구치는 화산암을 생성하느냐는 의문도 그렇다. 그러나 맨틀 암석의 일부가 녹아서 지구에서 가장 많이 접하는 층인 지각을 형성한다는 데에는 지질학자들의 의견이 일치한다.

지각은 지구 질량의 1퍼센트에도 못 미치며, 우리가 비유한 달걀의 얇은 껍데기에 해당한다. 우리가 일상적으로 관찰하고 채집할 수 있는 유일한 층이기에, 놀라운 지식의 보고이기도 하다. 대륙은 지각으로 이루어져 있고, 지각에는 석영과 소듐(나트륨^{Na})과 포타슘(칼륨^{K})이 풍부한 장석 광물이 포함되어 있다. 뉴햄프셔의 화이트산맥이나 요세미티 국립공원에서 극적으로 잘려 나간 모습의 시에라네바다산맥에서 보이는 화강암은 대륙 지각을 이루는 전형적인 암석이다. 대양 밑의 지각은 다르다. 하와이 화산에서 뿜어지는 것과 같은 현무암으로 이루어져 있다. 현무암에는 칼슘이나 소듐이 풍부한 장석 광물이 들어 있지만, 석영은 섞여 있지 않다. 대륙 지각은 대양 밑의 지각보다 더 두껍고 밀도가 낮아서, 대양 지각 위에 '뜨는' 양상을 띤다. 차가운 음료에 얼음이 둥둥 떠 있는 것과 비슷하다. 사실, 지표면의 물이 지형학적으로 낮은 곳에 고이는 이유는 바다 밑에 대부분 (상대적으로) 가라앉은 현무암 지각 때문이다.

지구는 어떻게 이렇게 여러 층을 이루게 된 것일까? 이 동심원상으로 배열된 층들이 지구가 형성될 때 각 물질들이 순차적으로 달라붙어서 생긴 것이 아닐까 하는 생각이 들 수도 있겠지만, 그 생각은 많은 물리적 및 화학적 관찰 결과와 들어맞지 않는다. 대다수의 과학자는 갓 생긴 지구가 점점 커질 때 계속되는 충돌과 방사성 동위원소의 붕괴로 생기는 열 때문에 녹았다고 본다.

원소, 동위원소, 화합물

원소는 화합물의 기본 구성단위이며, 지닌 양성자와 전자의 수에 따라서 성질이 정해진다. 탄소는 양성자 6개와 전자 6개를 지니고 있어서 독특한 양상으로 다른 원소와 결합한다. 산소도 양성자와 전자가 8개씩이라서 독특한 성질을 지닌다. 전 세계의 교실에 떡하니 걸려 있는 원소 주기율표는 알려진 118가지 원소의 양성자와 전자가 이루는 화학 결합과 자연에서 그 원소들의 분포를 어떻게 결정하는지를 체계적으로 보여준다.

모든 탄소 원자는 양성자와 전자를 6개씩 지니지만, 중성자의 수는 다를 수 있다. 탄소 원자의 대다수—약 99%—는 탄소-12^{12}C다. 즉 양성자뿐 아니라 중성자도 6개이며, 따라서 원자량이 12(수소 원자의 원자량을 1이라고 정의한다)다. 그러나 탄소 원자의 약 1%는 중성자를 하나 더 지녀서, 원자량이 13이다. 그리고 탄소 원자 1조 개 중 몇 개는 중성자를 8개 지녀 원자량이 14다. 탄소-14^{14}C는 특별한, 아주 유용한 특성을 지니기 때문에 친숙할 수도 있다. 바로 방사성을 띤다는 것이다. 방사성 동위원소는 불안정하다. 시간이 흐르면서 붕괴하여 더 안정한 딸 원자가 된다. 탄소-14는 자발적으로 붕괴하여 질소-14^{14}N가 된다. 이 붕괴가 일어나는 속도는 연구실에서 측정할 수 있다. 탄소-14의 절반이 질소로 붕괴하는 데에는 5730년이 걸릴 것이다. 이를 반감기라고 한다. 그래서 탄소-14는 고고학 연구에 유용한 정밀 시계 역할을 한다. 그러나 수만 년이 흐른 뒤에는 표본에 남아 있는 탄소-14의 양이 너무 적어서 정확히 측정하기가 어려울 때가 많기에, 다른 동위원소를 찾아야 한다. 특히 지구의 깊은 역사를 연구할 때는 우라늄의 동위원소를 이용한다.

양성자와 전자의 수는 원소의 정체성, 따라서 원소가 일으키는 화학반응의 종류를 결정하는 반면, 동위원소의 질량 차이는 화학반응이 일어나는 속도에 영향을 미친다. 그리고 많은 원소의 방사성 동위원소는 지구 역사를 보정하는 도구가 된다. 뒤에서 살펴보겠지만, 이런 특징들 덕분에 방사성 동위원소는 지구와 생명의 역사를 연구하는 데 꼭 필요하다.

더 무거운 원소들, 특히 철은 중심으로 가라앉은 반면, 규산마그네슘과 철, 알루미늄, 칼슘, 소듐, 포타슘, 이산화규소의 다양한 화합물들은 바깥층을 형성했다. 그리하여 핵과 맨틀의 동심원 구조가 출현했고, 곧이어 표면의 지각층도 생겼다.

지각은 어떻게 형성되었을까? 이 질문에 답하려면 앞서 했던 말로 돌아가야 한다. 광물마다 녹거나 결정이 되는 온도가 서로 다르다는 것 말이다. 지구가 형성된 지 수백만 년이 흐르는 동안, 뜨거운 맨틀에서 녹은 물질이 표면으로 솟아올라 넓게 퍼지면서, 행성과학자들이 마그마 바다magma ocean라고 부르는 것을 이루었다. 하와이에서 가장 활발하게 활동하는 화산인 킬라우에아에서 흘러나오는 용암을 본 적이 있다면, 어떤 풍경인지 감을 잡을 수 있을 것이다. 표면을 검게 뒤덮은 채 이따금 갈라지는 틈새로 주황색으로 이글거리면서 흘러가는 용암이 지구 전체를 뒤덮었다고 상상해보라.

열이 대기로 빠져나감에 따라서, 마그마 바다는 곧 식어서 대체로 현무암으로 이루어진 드넓은 원시 지각을 형성했다. 그리고 이 지각이 두꺼워지고 바닥 쪽이 녹기 시작하면서, 화강암과 대체로 비슷한 이산화규소가 풍부한 암석이 형성되기 시작했다. 최초의 대륙 지각이었다. 초기 지각 진화는 지르콘zircon이라는 아주 작은 광물 알갱이에 기록되어 보존되어 있다. 지르콘 광물, 즉 규산염지르콘$ZrSiO_4$은 녹은 마그마가 굳어서 이산화규소가 풍부한 화성암이 될 때 형성된다. 지르콘은 지질학자들이 눈여겨볼 만치 놀라운 특성을 하나 지니고 있다. 결정이 될 때 지르콘 구조 속에 우라늄이 조금 섞여 들어가곤 한다. 납은 들어가지 못한다. 납 이온은 너무 커서 자라는 결정 속에 끼워지지 않기 때문이다. 이 점이 왜 중요하냐고? 몇몇 우라늄 이온은 방사성을 띤다. 우라늄-235와 우라늄-238은 붕괴하여 각각 납-207과 납-206이 된다. 그리고 이 붕괴 속도는 실험실에서 측정할 수 있다. 우라늄-238은 반감기가 44억 7,000만 년이다. 즉 처음에 있던 우라늄-238의 절반이 납-206으로 바뀌는 데 그만한 시간이 걸린다는 뜻이다. 한편 우라늄-235는 반감기가 7억 1,000만 년이다. 생성될 때 지르콘 안에는 어떤 납도 들어가지 않았으므로, 오늘날 우리가 지르콘 안에서 보는 납은 우라늄의 방사성 붕괴를 통해 생성된 것이 틀림없다. 따라서 지르콘에 든 우라늄과 납을 정밀하게 측정하면, 시계를 얻게 된다. 지구의 깊은 역사를 재는 데 쓸 최고의 정밀 시계다.

지르콘이 지질학적 시간을 파악하는 데 도움을 준다고 하지만, 40억 년 전보다 더 오래된 암석이 지구에 전혀 없다면? 그러면 지르콘도 지구의 가장 초기 역사를 파악하는 데 별 쓸모가 없지 않을까? 이 의문에 답하려면 해변으로 가야 한다. 우리 식구들이 좋아하는 해변인 매사추세츠 노스쇼어에는 모래밭이 펼쳐져 있다. 우리가 모래성을 쌓고 노는 그 모래는 뉴햄프셔주의 화이트산맥을 비롯하여 뉴잉글랜드의 등뼈를 이루는 산맥들에서 볼 수 있는 고대의 고지대를 이루었던 암석이 침식되어 생긴 것이다. 현재 있는 산맥들에는 4억 년 전의 조산운동 때 형성된 화강암이 드러나 있다. 이 산맥들이 그때 생겼다는 것을 아는 이유는 화강암에 들어 있는 지르콘이 형성 시기를 콕 찍어서 알려주기 때문이다. 시간이 흐르면서 지르콘 중 일부는 침식되어 산맥에서 떨어져나와서 강물에 실려 해안까지 밀려왔다. 그리고 이윽고 매사추세츠 모래 해안의 모래알이 되었다(지금은). 따라서 이 해안은 현재 존재하는 것이긴 하지만, 4억 년 된 지르콘을 포함해 훨씬 더 오래된 모래알들로 이루어져 있다.

이제 지르콘이 어떻게 지구의 암흑기를 보여줄 수 있는지 설명이 되었을 것이다. 호주 웨스턴오스트레일리아주에는 잭힐스층Jack Hills Formation이라는 주황색 암석이 황량하게 드러나 있는 곳이 있다. 약 30억 년 전에 강에 실려서 퇴적되었던 사암과 자갈이 드러나 있다. 이곳 암석의 나이 자체도 매우 흥미롭지만— 아주 오래된 퇴적암은 그리 많지 않다—잭힐스의 진정한 선물은 그 옛날에 사암의 일부가 되었던 알갱이들을 더 자세히 살펴볼 때 진가가 드러난다. 그 알갱이 중에는 지르콘도 있다. 그중 약 5퍼센트는 나이가 무려 40억 년을 넘는다. 가장 오래된 시계는 43억 8,000만 년 된 것이다. 지구 나이와 거의 맞먹는다. 최근에 남아프리카와 인도에서도 비슷한 발견이 이루어졌다.

이 고대의 광물로부터 무엇을 알아낼 수 있을까? 첫째, 지르콘은 모든 화성암에서 생기는 것이 아니다. 대부분은 이산화규소가 풍부한 지각에서 나타나는데, 그런 지각은 화학적 조성 측면에서 볼 때 화강암에서 유래한 것이다. 따라서 지르콘은 지구 지각의 분화가 지구 역사의 초기에 시작되었음을 시사한다. 지르콘에 든 산소의 화학도 43억 8,000만 년 전에 액체 상태의 물이 이미 존재했음을 시사한다. 지구의 수권은 거의 지구만큼 오래된 것이다. 그리고 몇몇 아주 오래된 지르콘에는 40억여 년 전 지구 내부의 특성을 추론하는 데 쓸 수 있는 다른 광물들도 미량 들어 있다. 그중 아마 가장 흥미로운— 그리고 논쟁적인—것은 41억 년 된 한 지르콘에 들어 있는 순수 탄소로 된 광물, 즉 아주 미세한 흑연 알갱이다. 이것이 생명의 단편적인 흔적일 수 있을까? 이 질문은 3장에서 다시 살펴보기로 하자. 지금은 조금씩 드러나고 있는 우리 행성의 어릴 때 모습을 계속 살펴보기로 하자.

지금까지 우리는 지구 내부의 조성을 전체적으로 살펴보았는데, 생명에 가장 중요한 특징들은 어떨까? 우리 바다의 물과 대기의 기체는? 오랜 세월 행성과학자들은 지구의 공기와 물이 주로 혜성에서 와서 형성 중인 지구의 마감재 역할을 했다는 가설을 받아들였다. "지저분한 눈덩이"라고 묘사되곤 하는 혜성은 원시 태양계의 바깥 세계에서 오는 전령이며, 주로 얼음으로 되어 있고 암석 물질이 약간 섞여 있다. 최근에 혜성의 화학적 조성을 연구하는 분야에서 발전이 이루어진 덕분에, 우리는 혜성의 기원 가설들을 검증할 수 있게 되었다. 수소의 동위원소를 분석함으로써다. 우리는 지구에서 물을 비롯한 수소를 지닌 물질들을 통해 수소와 중수소(앞서 말했듯이, 중수소는 수소의 동위원소로 양성자와 전자 1개씩에다가 중성자도 1개 지닌다)의 상대적인 양을 꽤 정확히 파악하고 있다. 따라서 혜성이 지구 물의 원천이라는 가설이 설득력을 지니려면, 혜성의 수소와 중수소의 비율이 지구의 것과 비슷해야 한다. 그런데 안타깝게도 혜성은 이 검사를 통과하지 못한다. 혜성의 수소 동위원소 비율이 지구의 것과 다르다는 사실은 혜성이 지구에 있는 물의 약 10퍼센트밖에 설명하지 못한다는 것을 시사한다.

물의 일부뿐 아니라 대기의 기체와 우리 몸의 탄소는 지구 전체를 형성하는 데 기여한 운석을 통해서 들어왔다. 특히 지구 성장의 마지막 단계 때 도착한 것으로 여겨지는 특정한 유형의 콘드라이트 운석에서 왔다고 여겨진다. 탄소질 콘드라이트라는 이 유형은 특히 주목할 가치가 있다. 이런 운석은 질량의 3~11퍼센트가 물이며, 이 물은 대부분 화학적으로 점토 및 다른 광물들에 결합되어 있다. 그리고 질량의 약 2퍼센트는 유기물질(탄소와 수소가 결합한 분자)이다. 단백질에 들어 있는 것과 유사한 아미노산도 지니고 있다. 따라서 콘드라이트 운석은 물과 탄소의 원천이 되며, 혜성과 달리 수소 동위원소 비교 검사를 통과한다. 그러니 다양한 유형의 콘드라이트 운석이 우리가 고향이라고 부르는 곳의 암석, 물, 공기의 대부분을 공급한 듯하다.

원시 지구는 뜨거웠기에 열 때문에 지구 내부에 있던 수증기, 질소 기체, 이산화탄소가 빠져나와 만들어진 대기는 뜨겁고 밀도가 높았을 것이다. 아마 오늘날 우리가 접하는 대기보다 100배 더 짙었을 것이다. 그러나 지구가 식어감에 따라 수증기는 대부분 응축하여 물이 되었고, 비로 내리면서 대양을 형성했다. 그런 한편으로 대기의 이산화탄소 중 일부는 암석 및 물과 반응하여 석회암을 형성했다. 이 석회암은 퇴적물의 형태로 고체인 땅으로 돌아갔다. 아마 당시의 지구는 하와이와 더 비슷해 보였을 것이다. 바다 위에 솟아난 구름에 감싸인 화산 같은 모습이었을 것이다. 외계 행성 같은 장면도 있었을지 모른다. 일부 과학자들은 초기의 짙은 대기가 복사선을 받아서 이루어진 화학반응을 통해 소량의 유기분자가 생성되어서 하늘이 주황색을 띠었을 것이라고 보기 때문이다.

탈기(액체에 녹아 있는 기체가 빠져나가는 것)는 완전히 이루어지지 않았다. 지금도 여전히 대양보다 맨틀에 더 많은 물이 들어 있기 때문이다. 게다가 맨틀에서 지표면으로 향하는 물의 이동은 일방통행이 아니었다. 어린 지구의 뜨거운 맨틀에는 오늘날의 맨틀보다 물이 더 적었을 것이며, 따라서 원시 대양이 지금의 대양보다 훨씬 더컸을 것이라고 믿을 만한 이유가 있다. 한 가지는 분명하다. 산소 기체는 이 원시 대기에 없었다는 것이다. 4장에서 살펴보겠지만, 우리를 지탱하는 산소는 더 뒤에 생겨났다. 순수한 물리적 과정이 아니라 생물학적 과정을 통해서다.

지구가 식어서 분화하기 시작할 때, 커다란 유성이 미치는 영향도 서서히 줄어들었다. 운석은 지금도 지구에 부딪히곤 한다. 1992년 뉴욕의 소도시 픽스킬에서는 작은 운석이 자동차에 충돌했고, 애리조나주 플래그스태프에 있는 약 5만 년 전 운석 충돌로 생긴 지름약 1.2킬로미터의 장엄한 미티어 크레이터Meteor Crater는 관광객을 끌어들이고 있다. 운석의 최대 크기와 충돌 빈도는 시간이 흐르면서 줄어들어 왔다. 어린 지구에서는 원시 대양을 증발시킬 만큼의 엄청난 충돌이 얼마간 계속되었다. 이런 충돌의 증거는 우리 행성이 아니라, 이웃 행성인 화성에 있다. 화성 남부 고지대에는 고대에 충돌로 생긴 크레이터들이 아직도 남아 있다. 이런 크레이터 중에는 아주 거대한 것도 있다. 헬라스 분지 Hellas Planitia 라는 인상적인 충돌 지형은 지름이 약 2,300킬로미터로, 보스턴과 뉴올리언스 사이의 거리와 비슷하다. 이런 충돌 때 생기는 에너지에 비하면, 원자폭탄은 폭죽을 터뜨리는 수준이다.

충돌이 줄어들기 시작한 시기가 정확히 언제인지는 격렬한 논쟁거리다. 인류의 초기 달 탐사 이래로, 후기 운석 대충돌기 Late Heavy Bombardment 라는 용어가 인기를 끌었다. 약 39억 년 전 안쪽 태양계(내행성계)에 유달리 운석이 우르르 쏟아진 시기가 있었다는 것이다. 이의 경험 증거는 주로 달 표면의 여러 지역에서 우주비행사들이 채집한 표본에서 나온다. 놀랍게도 널리 흩어진 곳에서 얻은 표본들에는 약 39억 년 전에 충돌 사건들이 있었다는 증거가 담겨 있다. 이 증거는 원래 운석 충돌이 급증한 시기가 있었다는 식으로 해석되었다. 토성의 궤도와 목성의 궤도가 얽혀서 바깥쪽 태양계에 있던 많은 천체들이 떠밀려 들어오는 바람에 벌어진 일이라고 설명했다. 그러나 일부 행성과학자들은 그 문제를 다른 관점에서 본다. 그들은 39억 년

전에 일어났다는 달 곳곳에 퍼져 있는 충돌의 증거가 사실은 운석 편
대가 쏟아진 것이 아니라, 한 차례의 대규모 충돌 사건이 일어난 흔
적이라고 주장한다. 다른 이들은 39억 년 전의 충돌 급증 현상이 사
실은 그 뒤로 장기간 충돌이 줄어드는 바람에 한 시기에 많이 일어난
양 보이는 착시 현상일 뿐이라고 주장한다. 더 최근의 태양계 동역학
모형들은 대충돌 사건이 한 차례 일어난 것이라는 개념을 지지하지
만, 그 일이 훨씬 더 일찍 일어났을 수도 있다고 주장한다. 현재 많은
과학자들은 43억 년 전~42억 년 전 무렵에는 지구를 위협할 대양을
증발시킬 수 있을 정도의 충돌이 더 이상 일어나지 않게 되었다고 믿
는다.

　　지구 탄생의 이 놀라운 드라마―고대의 별 부스러기들이 뭉치
고, 지구 전체가 녹고 분화하면서 지구 내부를 형성하고, 대양과 대기
가 만들어지는―는 1억 년이나, 그보다 적은 시간에 걸쳐서 일어났
다. 44억 년 전쯤에, 지구는 얇은 공기 아래 물에 잠겨 있는 암석형 행
성의 모습을 갖춘 상태였다. 대륙은 형성되기 시작했지만, 아직 작았
고, 대개 바다에 잠기곤 했을 것이다. 나는 어린 지구가 인도네시아를
지구 전체로 확장한 것과 비슷했을 것이라고 상상한다. 바다 위로 줄
지어서 화산들이 봉우리를 내밀고 있지만, 대륙 같은 땅덩어리라고

보기에는 미흡한 수준 말이다. 지구는 짙은 대기로 감싸여 있었지만, 그 공기에는 산소가 없었다. 시간 여행자인 사람은 그 원시 지구에서 오래 버티지 못할 것이다. 따라서 몇몇 친숙한 특징들을 지니고 있긴 해도, 그 세계는 아직 우리의 지구가 아니었다. 거대한 대륙, 들이마실 수 있는 공기—그리고 생명—가 있는 우리가 아는 세계는 아직 오지 않은 상태였다.

물리적 지구

행성 모양 빚기

콜로라도주 볼더 지역 서쪽의 플래티런스FLATIRONS에는 하늘을 향해 입을 딱딱거리는 듯한 거대한 이빨처럼 보이는 봉우리들이 솟아 있다. 그 동쪽으로 완만하게 굽이치는 평원 때문에 더욱 꼿꼿이 서 있는 양 보인다. 지구에는 이런 특징을 지닌 지형학적 장관이 곳곳에 펼쳐져 있다. 로키산맥, 알프스산맥 같은 산계 주위로는 대조를 이루는 초원, 스텝steppe 지대(나무가 없고 키 작은 풀들이 자라는 평야), 해안 평원이 드넓게 펼쳐져 있다. 대륙과 빛나는 목걸이처럼 사슬을 이루고 있는 화산섬들은 드넓은 대양 한가운데에서 솟아 있다. 지진은 세계의 몇몇 지역에서는 끊임없이 발생하는 반면, 거의 일어나지 않는 곳도 있다. 지표면의 이런 특징은 어떻게 출현했고, 지구의 내부 활동에 관해 무엇을 알려줄 수 있을까?

저명한 저자 존 맥피John McPhee는 지구의 복잡 미묘한 양상을 탐사한 결과를 이렇게 요약했다. "어떤 이유로 이 모든 내용을 한 문장에 담아야 한다면, 나는 이 문장을 고르련다. '에베레스트산의 정상은 해양 석회암이다.'" 해발 8,000미터가 넘는 에베레스트산에는 조개껍데기 화석들이 있고, 원래 수평으로 쌓여 있던 플래티런스는 현재 거의 수직으로 서 있으며, 후지산은 혼슈의 논밭 위로 높이 솟아 있다. 이런 여러 특징들은 지표면이 역동적임을, 끊임없이 변화하는 지질, 지형, 기후의 만화경임을 말해준다. 이 관점은 현재 널리 받아들여져 있지만, 정착되기까지 오랜 시간이 걸렸다.

수천 년 동안 우리 조상들은 지구의 물리적 특징이 영구적이라고 여겼다. 우리 삶의 한계를 정하는 불변의 장벽, 통로, 자원, 토템이라고 받아들였다. 지구를 정적인 것으로 보는 견고했던 견해는 17세기에 금이 가기 시작했다. 메디치 가문의 궁정 의사인 니콜라스 스테노Nicolas Steno가 글로소페트라이glossopetrae—투스카나 언덕이 침식되면서 드러난 혓바닥처럼 생긴 돌—가 과거에 살았던 상어의 이빨임을 알아차리면서였다. 스테노는 상어가 죽어서 분해되었을 때 이빨은 퇴적물이 되어 해저에 가라앉았다고 추론했다. 이 추론을 받아들인다면, 피렌체 위쪽 언덕에서 상어 이빨이 발견된다는 것은 과거에 해수면이 지금보다 훨씬 높았거나, 언덕을 이루는 암석이 원래 해저에 있다가 솟아올랐다는 의미가 된다.

지질학적 특징들이 영구적이지 않다는 개념은 한 세기 남짓 더 지난 뒤에야 서서히 퍼지기 시작했는데, 현대 지질학의 아버지라고 여겨지는 제임스 허턴^{James Hutton}의 저술이 나오고부터다. 18세기 말의 다른 자연사학자들처럼, 허턴도 에든버러의 집 주변 언덕을 산책할 때 식물이 자신의 환경에 딱 들어맞는다는 점을 실감하곤 했다. 또 인근 포스만에 사는 바닷말과 말미잘도 자기 서식지에 딱 들어맞는 양 보였다. 그러다가 허턴은 뭔가 안 맞는다는 점을 알아차렸다. 침식이 느리지만 꾸준히 진행되어 언덕을 깎아내고 있었던 것이다. 그리고 이 침식으로 생긴 모래와 진흙은 서서히 만을 채우고 있었다.

허턴은 이 점이 수수께끼라고 생각했다. 서식지가 계속 무너져가는 상태에 있다면, 그 서식지에 사는 종들, 자신이 번성하는 환경에 그토록 잘 들어맞는 종들은 어떻게 오랜 세월을 존속할 수 있는 것일까? 허턴이 내놓은 해답은 우아할 만치 단순했다. 시간이 흐르면서 산은 침식되어서 사라지지만, 융기(허턴은 열이 융기를 일으킨다고 보았다)로 새로운 산이 생겨난다는 것이었다. 마찬가지로 만도 메워질지 모르지만, 지구의 움직임으로 새로운 만이 계속 생겨날 것이다. 따라서 지구 환경의 항상성은 융기와 침식의 균형을 통해 역동적으로 유지된다.

지질학자에게 성지가 있다면, 시카포인트^{Siccar Point}가 거기라고 할 수 있다. 스코틀랜드의 에든버러 동쪽 해안에 있는 바위투성이 곳이다. 이곳에서는 수직으로 서 있는 오래된 암석의 침식된 표면 위에 수평으로 사암이 놓여 있다(〈그림 2-1〉). 노출된 바닥 쪽의 수직으로 향한 암석은 오래전 고대 해저에 수평으로 퇴적물이 층층이 쌓여서 형성된 것이다. 나중에 지질학적 힘에 밀려 올라오면서 휘어져서 현재의 방향으로 놓이게 되었다. 그 뒤에 침식이 일어나 수직으로 선 지층의 윗부분이 깎여나갔고, 이어서 다시 가라앉아 고대 범람원으로 흘러드는 강을 통해 새로운 퇴적층이 쌓였다. 지금은 이 지층전체가 다시 북해의 바닷물 위로 솟아올라서 천천히 침식되고 있다. 1788년 배로 이곳을 둘러본 허턴은 자신이 스코틀랜드 언덕에서 추론한 역동설이 옳았음을 확인했고, 시카포인트에 뚜렷이 드러나 있는 역사가 펼쳐지려면 엄청난 세월이 필요함을 깨달았다. 허턴의 동료인 존 플레이페어John Playfair는 훗날 이렇게 썼다. "시간의 심연을 그렇게 멀리까지 들여다보고 있자니, 어질어질해지는 듯했다." 허턴은 시카포인트 암석의 연대를 알 방법이 전혀 없었지만, 우리는 수직으로 뻗은 지층이 4억 4,000만 년 전~4억 3,000만 년 전인 실루리아기에 퇴적되었고, 그 위에 쌓인 사암은 약 6,000만 년 뒤인 데본기에 쌓였다는 것을 안다.

19세기와 20세기 초의 지질학자들이 지구의 지도를 작성해 갈

그림 2-1 스코틀랜드 시카포인트. 제임스 허턴이 지구의 역동성과 시간의 규모를 이해한 곳이다.

수록 허턴이 말한 융기와 침식의 주기가 되풀이되어 왔다는 사실이 더 명백해졌다. 그런데 알프스산맥 같은 곳을 전문가의 눈으로 보자 산비탈에 단층과 습곡 같은 것들이 있었다. 수직 운동만 일어나는 것이 아니라는 의미였다. 암석은 옆으로도 움직이는 것이 분명했다. 활동하는 지표면과 그것이 빚어내는 특징들을 현대적인 관점에서 이해하기 시작한 것은 20세기 초부터였다. 독일 기상학자 알프레트 베게너Alfred Wegener의 저술을 통해서였다. 베게너는 많은 청소년이 그렇듯이, 비가 오는 날 지구본을 들여다보면서 상상의 날개를 펼치던 중에 대서양을 닫을 수 있다면, 브라질의 코처럼 튀어나온 부분이 서아프리카의 움푹 들어간 부위와 딱 들어맞고, 북아메리카 동부가 사하라 지역과 딱 들어맞는다는 것을 알아차렸다. 혹시 대륙이 한자리에 고정되어 있는 것이 아니라, 지표면에서 이리저리 돌아다니다가 이따금 서로 부딪쳐서 산맥을 솟아오르게 하는 것이 아닐까? 해저 분지는 예전에 붙어 있던 땅덩어리들이 떨어져 나간 흔적이 아닐까?

베게너는 자신의 생각을 정리하여 1915년 『대륙과 대양의 기원 The Origins of Continents and Oceans』이라는 책으로 펴냈다. 그의 가설에 사람들이 "혼란스러운" 반응을 보였다고 표현한다면, 그 뒤에 이어진 격렬한 논쟁을 과소평가하는 셈이다. 북아메리카와 유럽의 저명한 지구과학자들은 대륙이 해저 분지를 펼치면서 움직일 수 있는 작동 원리를 생각해낼 수 없었기에, 베게네의 개념을 거부했다. 그들은 훗날 '고정론자 fixist'라고 불리게 되었다. 반면에 남반구의 지질학자들은 베게너의 개념을 좀 더 환영하는 쪽이었다. 그들은 베게너의 대륙들이 기하학적으로 서로 잘 들어맞는다는 개념을 받아들였을 뿐 아니라, 대서양 양편의 지질학적 특성이 과거에 양쪽이 붙어 있었음을 시사한다는 것도 알고 있었다. 화석들도 그러했다. 예를 들어, 약 2억 9,000만 년 전~2억 5,200만 년 전에 살았던 글로솝테리스 *Glossopteris*의 나뭇잎 화석은 아프리카 남부, 남아메리카, 인도, 호주에서만 발견되었다(나중에 남극대륙에서도 발견되었다). 남반구 지질학자들에게는 이 식물이 지금은 사라진 육교를 통해서 대륙 사이로 이주했다는 전통적인 설명이나 대륙이 이동한다는 설명이나 터무니없어 보인다는 점에서는 별 다를 바 없어 보였다. 물론 고정론자들은 유럽과 북아메리카의 여러 대학교에서 저명한 교수로 있었기에, 암석만을 쳐다보고 있는 남반구의 가난한 이들의 견해를 그냥 무시했다.

　아무튼 과학자들은 대륙 이동이라는 수수께끼를 풀기 위해서, 대양으로 눈을 돌리지 않을 수 없었다. 인류 역사의 대부분에 걸쳐서, 깊은 해저는 미지의 세계였다. 뱃사람들은 수면 위를 바쁘게 돌아다녔지만, 그 밑에 무엇이 있는지는 아무도 몰랐다. 이런 상황은 제2차 세계대전 때 바뀌기 시작했다. 적군의 잠수함을 찾아내기 위해 고안된 음파 탐지기가 깊은 바다에 산과 골짜기가 가득하다는 사실을 보여주면서였다. 1950년대에 미국 과학자 브루스 히즌Bruce Heezen과 마리 타프Marie Tharp는 대서양 중앙해령을 발견했다. 북쪽의 아이슬란드(이 섬 자체도 해령의 일부다)에서 남극반도의 끝까지 뻗으면서 대서양 해저를 양분하는 거대한 산계였다. 그 뒤에 태평양, 인도양, 남극해에서도 비슷한 해령들이 발견되었다. 히즌과 타프가 대양의 물을 뺀 모습으로 그린 지구의 지도는 사람들의 관점을 영구히 바꾸었다(〈그림 2-2〉). 바다 밑이 어떤 모습인지를 알게 되자, 우리 행성을 새로운 방식으로 생각해야 한다는 점이 분명해졌다.

전시에 관측을 통해서 해저 분지를 새롭게 이해할 토대를 닦은 연구를 한 프린스턴 대학교의 지질학자 해리 헤스Harry Hess는 1962년에 해령이 지구 시스템에서 중요하면서 특별한 역할을 한다는 가설을 세웠다. 해양 지각이 생겨나는 곳이라는 가설이었다. 해령에서 해양 지각이 솟아오르면서 대륙들을 꾸준히, 하지만 확실하게 양쪽으로 밀어내고 있다는 것이다. 헤스가 제시한 '해저 확장seafloor spreading' 가설은 1년이 채 지나기도 전에 영국 지질학자 프레더릭 바인Frederick

그림 2-2 브루스 히즌과 마리 타프가 1977년에 내놓은 혁신적인 지구 지도. 깊은 해저에서 솟아오른 단층과 곳곳에 있는 긴 산계들이 보인다.

Vine과 드러먼드 매튜스^{Drummond Matthews}를 통해 옳다는 것이 확인되었다. 결정적인 증거는 지자기였다. 자철석^{magnetite}이라는, 의미를 쉽게 짐작할 수 있는 철산화물 광물처럼 자기장에 민감하게 반응하는 광물은 결정화가 일어날 때 지구 자기장을 따라 배열한다. 그래서 형성될 당시 자기장이 어느 쪽을 향하고 있었는지를 고스란히 기록한다. 이유를 놓고 아직도 논쟁이 벌어지고 있지만, 지구 자기장은 수십만 년마다 180° 방향이 바뀐다. 바인과 매튜스는 대서양의 해저 지각에 나란히 뻗은 띠 모양으로 자기장이 기록되어 있다는 것을 알아냈다. 수백만 년에 걸쳐서 지자기의 역전이 반복되어 온 양상을 보여주는 기록이었다. 이 띠는 중앙해령 양쪽에서 대칭적으로 나타나며, 방사성 동위원소를 써서 양쪽 지각 암석의 연대를 측정하자, 해령에 가장 가까이 있는 암석일수록 더 최근에 생긴 것임이 명확해졌다. 따라서 해령에서부터 유럽이나 북아메리카로 갈수록 점점 더 오래된 해저가 나타났다. 헤스의 가설이 옳았던 것이다. 새로운 해양 지각은 해령에서 생겨났다. 해마다 보스턴과 내가 좋아하는 런던의 식당 사이의 거리는 2.5센티미터씩 늘어나고 있다. 우리의 시간관념으로 보자면 무시할 수 있을 정도로 느리지만—분명히 내 여행 일정을 엉망으로 만들 정도는 아니다—지난 1억 년에 걸쳐서 보면, 대서양은 거의

2,500킬로미터나 벌어졌다. 대륙 이동 문제는 사실상 해저 확장을 통해 해결되었고, 판구조론plate tectonics이라는 새로운 패러다임이 형태를 갖추기 시작했다.

　지구가 점점 커지지 않는 한(커지고 있지 않다), 해령에서 새 지각이 형성된다면 다른 어디엔가에서는 오래된 지각이 사라져야 한다. 지각의 무덤은 섭입대subduction zone다. 섭입대는 한 지각판이 다른 지각판 밑으로 가라앉으면서 지각의 암석을 원래 기원했던 맨틀로 돌려보내는 곳으로, 지각판의 가장자리를 따라 뻗어 있다. 대서양은 느리기는 하지만 가차 없이 넓어지고 있는 반면, 태평양 분지의 가장자리는 섭입대로 둘러싸여 있다. 알류샨 열도에서 인도네시아에 이르는 이 지대에서는 화산과 지진이 빈발한다. 사실 해양 지각을 찢어서 여는 것은 반대쪽에서 벌어지는 이 지각판의 침강 작용 때문이다. 그 결과 해령에서 수동적으로 새 지각이 생겨나는 것이다. 섭입되는 지각판은 뜨거운 맨틀로 가라앉으면서 녹기 시작하며, 이 녹은 물질이 지표면으로 솟아오를 때 화산이 분출한다. 지각판 사이의 마찰력으로 일시적으로 섭입이 멈출 수도 있지만, 꾸준히 가해지는 가라앉는 힘에 압력이 계속 쌓이다가 결국 마찰력을 넘어서게 된다. 그러면 지각판이 빠르고 격렬하게 움직이게 된다. 지진이 일어나는 것이다. 로

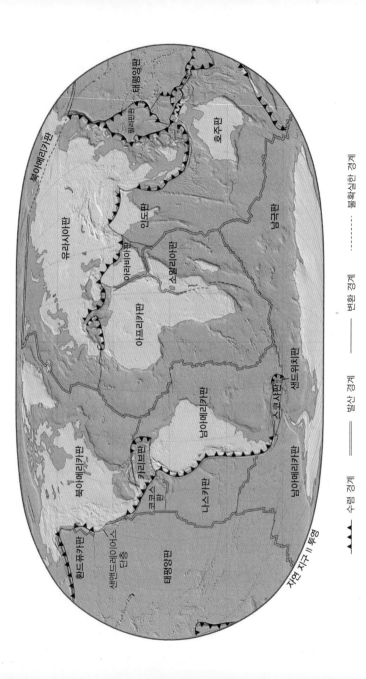

북아메리카판

태평양판

후안데푸카판

플리핀판

호주판

유라시아판

인도판

아라비아판

소말리아판

남극판

아프리카판

스코샤판

샌드위치판

카리브판

코코스판

남아메리카판

나스카판

북아메리카판

태평양판

샌앤드레이어스
단층

▲▲▲ 수렴 경계 ———— 발산 경계 ———— 변환 경계 ‒‒‒‒‒‒ 불확실한 경계

자연 지구 Ⅱ 투영

스앤젤레스와 도쿄의 주민들은 작은 지진이 자주 일어나면 안심하기를. 그런 지진은 지각판 사이의 마찰을 해소하는 역할을 하기 때문이다. 오히려 잠잠한 상태가 이어지면 걱정해야 한다.

따라서 지표면은 상호작용하는 단단한 판들의 모자이크로 지각과 그 바로 밑의 튼튼한 고체 맨틀로 이루어진 '암석권lithosphere'이다 (〈그림 2-3〉). 지각판들 중 약 절반은 확장이나 섭입이 일어날 때 서로 멀어지거나 충돌하는 대륙을 포함하고 있다. 나머지는 해양 지각만으로 이루어져 있다. 해양 지각이 대륙의 가장자리에서 가라앉는 지점을 따라서 산계가 형성될 수도 있다. 안데스산맥이 그런 사례다. 또 산맥은 두 대륙이 충돌할 때에도 생길 수 있다. 웅장한 히말라야산맥은 인도 아대륙이 북쪽의 아시아와 충돌할 때 생겨났다. 그보다 규모가 작은 애팔래치아산맥은 현재 섭입대에서 멀리 떨어져 있지만, 3억 년 전에 고대의 대륙들이 충돌해서 생겨났다는 증거가 있다. 러시아 한가운데로 뻗어서 유럽과 아시아를 구분하고 있는 우랄산맥도 오래

그림 2-3 지표면은 지각판들이 짜 맞추어진 형태다. 지각판 사이가 벌어지는 곳에서는 해령(두 줄로 표시된 곳)을 통해서 새로운 해양 지각이 형성된다. 그 결과 대륙들은 서로 점점 멀어진다. 지각판들은 변환단층(외줄)을 따라 서로 미끄러지지만, 수렴 경계(들쭉날쭉한 줄)에서는 충돌하면서 한쪽 판이 다른 쪽 판의 밑으로 섭입된다. 화산, 지진, 활발하게 성장하는 산맥은 수렴 경계에 집중되어 있다.

전에 대륙들이 충돌한 흔적이다.

또 지각판은 새로운 지각을 생성하거나 기존 지각판의 섭입을 일으키지 않은 채, 서로 미끄러질 수도 있다. 아마 가장 유명한 사례는 샌앤드레이어스 단층일 것이다. 이 단층은 샌프란시스코 북부에서 멕시코에 이르기까지 캘리포니아주 일대를 가르고 지나간다. 동쪽의 북아메리카판과 서쪽의 태평양판의 마찰로 이 지역에는 끊임없이 지진이 일어난다. 과학자들은 이 지진을 멈출 수는 없지만, 컴퓨터의 엄청난 연산력을 써서 예측하는 법을 알아내고 있다.

영국 지구물리학자 댄 매킨지Dan McKenzie를 비롯한 이들의 연구 덕분에, 현재 우리는 지표면에서의 판 운동이 지구의 더 깊은 곳에서 일어나는 동역학을 반영한다는 것을 안다. 1장에서 맨틀 대류를 언급한 바 있다. 바닥에서 뜨거운 물질이 솟아오르고, 더 차가운 물질은 가라앉아서 중심핵 쪽으로 돌아가는 흐름이다. 해령은 뜨거운(따라서 비교적 부력을 지닌) 맨틀이 지표면으로 상승하는 곳에 생기고, 섭입대는 맨틀이 가라앉는 곳과 일치한다. 따라서 지도와 여행을 통해서 우리에게 친숙한 산맥과 대양은 지구 깊은 곳에서 일어나는 과정을 반영한다(〈그림 2-4〉).

판구조론이 모든 것을 설명하지는 못한다. 한 예로, 1811년 미

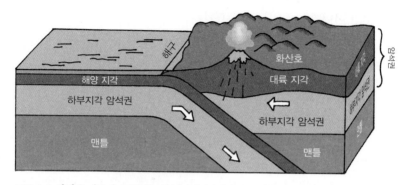

그림 2-4 산맥은 대륙이 충돌하는 곳(애팔래치아산맥 같은)이나 이 그림에서처럼 해양 지각이 대륙 밑으로 섭입되는 곳(안데스산맥)에 생긴다. 이런 충돌과 섭입은 모두 그 아래 맨틀에서 일어나는 대류를 통해 추진된다. 심해저에 선형으로 깊이 들어간 곳인 해구는 수렴 경계가 겉으로 표현된 형태다.

주리주를 강타한 역사상 가장 강력한 축에 속한 지진이 왜 일어났는지는 아직도 불분명하다. 그렇긴 해도, 판구조론은 특정 지점에서 대양 분지가 생기고 사라지는 것, 산맥이 솟아오르다가도 결국엔 침식되어 사라지는 것과 지진이 계속해서 평온함을 깨뜨리는 것 등 역동적인 지구의 모습을 가장 설득력 있게 설명한다. 그리고 지구는 늘 그래 왔다. 아니, 과연 그랬을까?

지구조 역사를 재구성하는 일은 셜록 홈스가 맡을 만한 지질학적 도전과제다. 우리는 현재 펼쳐지는 확장, 섭입 등의 과정들을 관측하고 정량화할 수 있지만, 1,000만 년, 아니 20억 년 전의 지구가 어떤 모습이었는지는 어떻게 알 수 있을까? 약 1억 8,000만 년 전까지는 지자기 띠가 들어 있는 해양 지각이 우리의 안내자가 되어 준다. 이 지자기 띠를 써서 지질학자는 사실상 지구조의 시간을 되감을 수 있다. 예를 들어, 1,000만 년 전에 대륙들이 어디에 있었는지를 알고 싶다면, 그 시기나 그보다 더 나중 시기의 해양 지각을 모조리 파악한 다음, 그 뒤에 생긴 해양 지각들을 제거하고서 대륙들을 끌어다가 이어붙이면 된다. 우주에서 보면, 1,000만 년 전의 세계는 지금 세계와 그리 다르지 않았을 것이다. 대서양이 좀 더 좁고 알프스산맥과 카프카스산맥 같은 산계들이 더 작았겠지만.

5,000만 년 전에는 대서양이 더 작았고, 우주에서 보면 몇몇 낯선 특징들이 보이기 시작할 것이다. 인도 아대륙은 아시아와 분리되어서 더 남쪽에 바다로 둘러싸여 있었다. 호주는 남극대륙과 막 분리되기 시작했다. 그리고 극지에는 빙원이 전혀 없었고, 해수면이 더 높아서 유라시아의 저지대와 미국의 동부 연안 지역은 물에 잠겨 있었다.

1억 년 전의 세계는 더욱 달랐다. 로키산맥은 막 솟아오르기 시작했지만, 알프스산맥과 히말라야산맥은 아예 없었다. 북아메리카 중부와 유라시아 남부의 많은 지역은 얕은 바다에 잠겨 있었다. 대서양은 얇은 띠에 불과했고, 호주는 남극대륙에 단단히 붙어 있었으며, 인도 아대륙은 아프리카와 남극대륙 사이의 구석으로 파고들고 있었다.

여기서 한 가지 양상이 뚜렷하게 드러남을 알 수 있을 것이다. 시간을 되감을수록 현재 멀찌감치 떨어져 있는 대륙들은 모이면서 하나의 거대한 땅덩어리로 합쳐지기 시작한다. 사실 약 1억 8,000만 년 전의 지구는 적어도 지리적으로 볼 때 현재 지구와 전혀 딴판이었다(〈그림 2-5〉). 남반구의 모든 대륙은 합쳐져서 곤드와나^{Gondwana}라는 거대한 대륙을 이루고 있었다(그 모든 글로솝테리스 잎 화석이 우리에게 알려주려고 했듯이). 그리고 곤드와나는 북아메리카와 유라시아의 한쪽 끝에 붙어서 하나의 초대륙인 판게아^{Pangaea}를 이루고 있었다. 양쪽 사이에는 지금은 사라진 테티스해가 가로놓여 있었다. 초대륙 판게아는 맨틀 대류가 일으키는 스트레스로 약 1억 7,500만 년 전에 쪼개지기 시작했다. 새로운 해양 지각이 새로운 대양, 특히 대서양을 열면서 대륙들을 흩어놓았다. 태평양 해저를 이루는 지각이 서쪽으로 움직이는 남북아메리카의 대륙 밑으로 섭입됨에 따라서, 로키

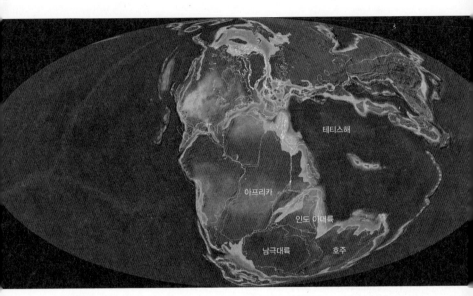

그림 2-5 약 1억 8,000만 년 전의 지표면을 재구성한 모습. 예전 대륙들은 대체로 뭉쳐 있었음을 알 수 있다. 대서양이 막 열리기 시작한 상태인 반면에 테티스해(남쪽과 곤드 와나 북쪽 사이에 놓인 커다란 바다)는 아프리카, 인도, 호주가 나뉘어서 북쪽으로 이동함 에 따라서 머지않아 닫힐 것이다. 북쪽으로 향한 대륙들은 이윽고 유럽 및 아시아와 충 돌하여, 알프스산맥에서 히말라야산맥에 이르는 긴 산계와 뉴기니의 산맥을 형성할 것 이다.

산맥과 안데스산맥이 솟아올랐다. 남극해가 열리면서 곤드와나가 쪼개진 대륙들이 북쪽으로 올라갔고, 그 결과 테티스해는 닫혀갔다. 이윽고 그 대륙이 유라시아와 충돌하면서 피레네산맥에서 히말라야 동쪽까지 뻗어 있는 산맥이 생겨났다. 그 이야기는 지금도 계속되고 있다. 호주가 북쪽으로 아시아를 향해 가면서 뉴기니에 장엄한 산맥을 밀어 올리고 있다. 해발 4,500미터에 달하는 봉우리들이다.

　해저 기록을 써서 할 수 있는 이야기는 거기까지다. 섭입으로 1억 8,000만 년 전보다 더 오래된 해양 지각은 대부분 사라졌기 때문이다. 그러나 지질학은 판구조가 훨씬 더 일찍부터 나타났을 것임을 시사한다. 대륙은 해저보다 섭입에 더 저항하므로, 훨씬 더 오래된 기록도 보존하고 있다. 퇴적암 지층의 규모와 특징, 화강암을 비롯한 화성암들의 화학적 조성과 분포, 더 오래된 산맥에서의 단층과 습곡의 배치 등은 판구조가 적어도 25억 년 전부터 지표면의 모습을 형성해 왔다는 사실을 명확히 보여준다. 지표면은 공 모양이므로, 쪼개져서 흩어진 초대륙 조각들은 훗날 충돌하고 달라붙으면서 다시 하나가 될 것이다. 이 과정은 윌슨 주기Wilson Cycle를 이룬다. 윌슨 주기란 이 역사, 즉 초대륙이 쪼개져서 흩어졌다가 다시 모이는 양상이 시간이 흐르면서 반복된다는 것으로 처음 깨달은 캐나다 지질학자 J. 투조 윌슨[J. Tuzo Wilson]의 이름을 땄다. 지난 25억 년 동안 초대륙이 5번 형성되었다는 증거가 있다. 그리고 판게아처럼 그 초대륙들은 쪼개지는 운명을 맞이했다. 애팔래치아산맥, 스칸디나비아 칼레도니아산맥, 우랄산맥은 모두 고대 대륙들 사이에 충돌의 산물이며, 아프리카와 남아메리카에 걸쳐 있는 범[汎]아프리카[Pan-African] 습곡대는 더 이전 초대륙 융합의 산물이다.

내 연구실 책상에 놓여 있는 소중한 물건 중 하나는 1979년 크리스 스코티스[Chris Scotese]가 만든 오래된 플립북이다(당시 대학원생이었던 그는 현재 끊임없이 변하는 지구의 지리에 관한 세계적인 권위자가 되어 있다). 책의 쪽마다 서로 다른 시기에 대륙들이 어떤 위치에 있었는지 그려져 있으며, 책장을 후루룩 넘기면 대륙들이 움직이는 모습이 보인다. 초기의 스톱 모션 영화 같다. 몇 초마다 "쾅", "우지끈", "찌이익" 같은 단어들이 보이면서, 대륙의 충돌과 분리가 일어남을 말해준다. 1788년 제임스 허턴은 "지질 기록에는 시작의 흔적도, 끝의 전망도 전혀 없다."라고 썼는데, 나는 크리스의 플립북을 넘길 때 같은 느낌을 받는다. 그러나 1장에서 말했듯이, 지구는 시작의 흔적을 기록하고 있다. 우리는 지각판 운동의 자취를 따라서 최초의 기록이 이루어진 시점까지 거슬러 올라갈 수 있을까?

답은 '아마도 그렇다'일 것이다. 지구의 원시 지구조 역사를 재구성할 때의 주된 도전과제는 1장에서 마주친 것과 동일하다. 30억 년이 넘는 암석은 거의 없으며, 지구 역사의 첫 10퍼센트에 해당하는 기간이 어떠했는지를 알려줄 암석은 전혀 찾아내지 못했다. 가장 오래된 암석의 화학적 조성과 형태를 통해 얻은 감질날 수준의 정보는 온갖 추측을 낳아 왔으며, 연구자들은 "정체된 뚜껑 stagnant lid"이나 "처진 지구조 sag tectonics" 같은 용어를 써가면서 서로 논쟁을 벌인다. 우리가 알고 있는 판구조론의 대안이라고 제시되는 것들이다. 모두가 동의하는 한 가지는 지구 역사 초기에 지구 내부가 지금보다 더 뜨거웠고, 그 때문에 초기 암석권이 더 두꺼웠지만 약했다는 것이다.

일부 지질학자들은 지구의 마그마 바다가 식어갈 때 그 원시 지각이 군데군데 갈라졌다는 가설을 세운다. 그 균열 부위로 맨틀로부터 마그마가 치솟으면서 지각을 양쪽으로 밀어내면서, 판구조 특유의 측면 운동이 시작되었다는 것이다. 지각이 확장됨에 따라서 섭입도 일어날 수밖에 없었고, 가라앉는 지각은 녹아서 지구 최초의 화강암형 지각을 형성했다. 이 견해에 따르면, 판구조 비슷한 현상이 지구의 유아기 때 시작된 셈이다. 정반대로 다른 가설은 녹은 마그마 기

등이 분출하여 엄청난 현무암 더미를 쌓았는데, 아주 높이 쌓이는 바람에 바닥에 깔린 암석이 녹기 시작하면서 최초의 화강암이 생성되었다고 본다. 바로 이 부분이 논쟁을 불러일으킨다. 기존 견해는 화강암이 해저 현무암의 섭입과 부분 용융을 통해서 생긴다고 보는데, 이 가설은 초기 화강암이 지각판 운동이 없는 상태에서 형성되었다고 보기 때문이다. 고대 암석의 화학적 조성과 지구의 가장 오래된 지형의 구조적 특징을 놓고서도 비슷한 논쟁이 벌어진다. 많은 관찰 결과는 판구조가 일찍 형성되었다는 견해와 들어맞지만, 원시 지구가 이런 독특한 특징을 지녔다는 견해에 들어맞지 않는 것도 있다.

중요한 단서는 1장에서 말한 고대의 지르콘에서 나온다. 이 결정에 갇힌 미량 원소들은 지표면에 있던 물질이 40억여 년 전에 지구 내부로 흘러들었지만, 더 나중 시대에 비하면 훨씬 느린 속도로 이동했음을 시사한다. 이 관찰 결과는 지구 초기에 지르콘을 함유한 마그마가 두꺼운 화산암 더미의 바닥에서 형성되었음을 시사한다고 해석되어 왔다. 즉, 수평 이동도 섭입도 없는 상태의 '정체된 뚜껑' 밑에서 말이다. 그러나 38억 년 전~36억 년 전에는 섭입이 시작된 상태였으며, 따라서 지각판과 비슷한 형태의 운동이 일어나고 있었음을 시사한다.

2020년 봄에 또 하나의 새로운 퍼즐 조각이 발견되었다. 앞에서 암석의 지자기가 해저 확장, 따라서 판구조의 작동 원리를 이해하는 열쇠라고 말한 바 있다. 또 지자기 방향을 이용하면 지질 시대에 걸쳐서 대륙이 어떤 경로로 움직였는지도 추적할 수 있다. 예를 들어, 대륙이 적도 근처에서 북위 30도까지 서서히 움직인다면, 도중에 분출한 화산 퇴적물에 들어 있는 광물의 지자기 방향을 이용하여 경로를 재구성할 수 있다. 여기서 한 가지 큰 의문이 들 수 있다. 원시 지구에 형성된 암석의 지자기 방향이 땅덩어리의 수평 운동을 기록한다고? 그렇다. 알렉 브레너Alec Brenner와 로저 푸Roger Fu 연구진은 일련의 꼼꼼한 분석을 통해서 현재 호주 북서부에 있는 고대의 암층이 30억여 년 전에 현재 보스턴이 유럽에서 멀어지고 있는 것과 거의 같은 속도로 여러 위도대에 걸쳐서 이동했음을 보여주었다.

이는 판구조 운동이 일찍부터 시작되었음을 입증하는 사례다. 비록 그렇다고 해서 반드시 원시 지구의 판구조 운동이 지금과 같은 형태라고는 말할 수 없지만 말이다. 지구의 유아기에 지각판 운동이 연속적으로 일어난 것이 아니라 간헐적으로 일어났고, 판구조가 국지적으로 시작되어서 얼마 동안 정체된 뚜껑과 공존했을 수도 있다. 이 견해에서는 초기 지각판을 수평으로 이동시키고 판의 가장자리에서 섭입을 일으킨 것이 맨틀 대류였다고 본다. 지금은 섭입되는 판이 맨틀로 내려가면서 잡아당기는 힘이 지각판의 움직임을 일으키지만, 원시 지구에서는 지각판이 아주 약해서, 섭입이 시작되면 쉽게 깨졌을 것이다. 따라서 가라앉는 부위는 끊기면서 지각판 전체를 움직이는 힘을 일으키지 못했을 것이다. 초기 화강암은 그렇게 가라앉은 지각판 조각에서 형성되었을 수도 있지만, 많지는 않았을 것이다. 오늘날의 판구조 체제는 맨틀이 계속 식어서 지각판이 단단해진 뒤에야 자리를 잡았다.

지구 최초의 지구조 역사는 불확실한 상태로 남아 있을지 모르지만, 많은 지질학자들은 약 30억 년 전 무렵에는 오늘날과 어느 정도 동일한 양상을 띠는 판구조가 우리 행성의 모습을 빚어내기 시작했다고 주장한다. 그 결과는 심오했다. 호주 지질학자 사이먼 터너Simon Turner 연구진은 산뜻하게 표현한다. "여러 면에서, 섭입의 개시로부터 우리가 현재 알고 있는 지구와 우리가 의지하는 환경을 낳는 과정들이 진행되기 시작했다."

판구조는 행성 형성의 필연적인 결과가 아니다. 예를 들어, 화성에는 고대에 지각판 운동이 일어났다거나 지금 일어나고 있다는 증거가 전혀 없으며, 금성도 마찬가지다. 그러나 지구에서는 일찌감치 판구조가 자리를 잡음으로써, 지표면을 조각하고 뒤에서 말할 지표면 환경을 유지하는 물리적 과정이 작동하기 시작했다. 그 결과 지구는 일반적인 행성 차원을 넘어 대양과 대기, 산맥, 화산을 갖춘 생명을 지탱할 수 있는 행성이 되었다.

3

생물학적 지구

생명이 지구 전체로 퍼지다

2004년 초에 화성 탐사 로봇 오퍼튜니티Opportunity가 화성 표면에 약간 움푹 들어간 곳인 이글Eagle 크레이터로 들어갔다. 나는 그날 밤을 생생하게 기억한다. 로봇 연구진의 일원으로서 그 탐사를 맡은 제트추진연구소에서 진행 상황을 뚫어져라 지켜보고 있었으니까. 나사가 오퍼튜니티가 안전하게 착륙했다고 발표하는 순간, 우리는 웃음을 지으면서 껴안고 악수를 나누었다. 그리고 몇 분 뒤 탐사 로봇이 보낸 첫 사진들이 화면에 뜨자, 기쁨은 희열로 승화했다. 우리의 오피Oppy가 착륙한 지점에서 겨우 몇 미터 떨어진 곳에 층층이 쌓인 퇴적암이 드러나 있었다. 지구에 매인 지질학자들이 한 세기 넘게 했던 것처럼, 이제 우리는 이 지층의 물리적 및 화학적 특징을 조사해서 화성의 역사를 재구성할 수 있게 되었다.

그 뒤로 몇 주에 걸쳐서 새로운 발견이 우르르 쏟아졌다. 그 암석의 연대는 불확실했으며, 지금도 마찬가지다. 연대를 자세히 측정한 화산암이 없는 상태에서는 화성의 역사를 재구성하기가 쉽지 않다. 그래도 합리적으로 추정했을 때 이글 크레이터에 노출된 지층은

35억 년 전~30억 년 전에 형성된 것으로 보인다. 이는 지구에서 변성이 거의 안 된 가장 오래된 퇴적암의 나이와 비슷하다. 그 암석 자체는 사암이었으며, 물결무늬가 어느 정도 드러나 있다. 해안에서 파도가 밀려들곤 하면서 모래밭에 생기는 무늬와 비슷하다. 이글 크레이터에 드러난 것과 같은 물결무늬는 물이 움직이면서 모래를 운반할 때에만 생긴다. 또 화학적 분석 결과 사암을 이루는 입자와 교결물이 주로 소금이라는 사실이 드러났다. 이 소금은 물이 화산암과 반응하여 생긴 광물이다. 따라서 우리는 화성이 오늘날 지독히도 춥고 메마른 곳이지만, 예전에는 비교적 따뜻하고 습했음을 알게 되었다.

　착륙한 지 5주 뒤, 나사는 기자회견을 열어서 이 발견을 전했다. 나사 본부에서 이루어진 이 기자회견 때 본부가 우리에게 지키라고 한 규칙은 딱 하나뿐이었다. 연구진을 대표하는 과학자들에게 물 이야기만 하고 생명이라는 단어는 꺼내지 말라고 했다. 그런데 이글 크레이터의 암석에 새겨진 물의 지문을 한 시간 동안 상세히 설명하고 났더니, 지구의 아주 많은 언론사들은 화성의 생명이 어쩌고저쩌고 하는 기사들을 앞다투어 쏟아냈다. CNN의 온라인 뉴스 제목은 이러했다. "붉은 행성은 과거에 생명이 살기에 적합했을지도 모른다."《와이어드》는 그나마 대다수 언론사들보다 회의적인 입장을 취했는데,

웹사이트에 이렇게 올렸다. "화성에는 과거에 생명이 살았을 수도 있다. 정말로 그랬을까?"

이 화성 기자회견은 청소년부터 노벨상 수상자에 이르기까지, 우리 대다수가 행성에 관해 가장 흥미를 갖고 있는 것이 무엇인지를 잘 보여준다. 암석이 아니다. 소금도 바람도 물도 아니다. 적어도 물 그 자체는 아니다. 우리가 행성 탐사에 매혹되는 것은 행성(그리고 그 위성)에서 생명을 찾아낼 수도 있어서다. 우리 태양계 내에서―그리고 우주에서 우리가 현재 이해하고 있는 한―지구는 유일하게 생명이 존재하는 행성이다. 우리는 생명이 다른 곳에도 거주했는지 여부를 아직 알지 못한다. 목성과 토성의 얼음으로 덮인 위성인 유로파나 엔켈라두스처럼 태양계에서 물이 있는 천체에는 지금 미생물이 존재할 가능성이 적어도 얼마간은 있다. 그러나 우리 태양계에서 생명은 오로지 지구에서만 자신의 사는 곳을 변모시킨 것이 분명하다. 왜 여기였을까? 험프리 보가트 Humphrey Bogart 의 말을 좀 빌리자면, "세계의 모든 마을의 모든 싸구려 술집 중에서" 왜 은하수의 이 구석진 곳에서만 생명이 출현하고 번성하게 된 것일까? 그리고 생명은 어떻게 지구를 변모시키게 되었을까?

　　먼저 한 발짝 뒤로 물러나서, 우리가 이해하고자 하는 것이 무엇인지를 되짚어보자. 생명이란 과연 무엇일까? 기르던 개가 죽고 아이들이 대학에 갈 때에야 비로소 삶이 시작된다는 뉴욕의 휴양지 보르시벨트 지역의 유명한 농담이 문득 떠오른다. 하지만 생명이란 무엇인가라는 질문을 좀 더 진지하게 살펴보자. 우리―그리고 개와 참나무와 세균―를 산과 골짜기, 화산과 광물과 구분 짓는 것이 정말로 무엇일까? 자신의 삶과 아이들의 삶에 비추어볼 때, 우리는 생물이 자란다고 자신 있게 말할 수 있을 듯하다. 그 말은 맞지만, 석영 결정(수정quartz)도 자란다. 하지만 생물은 자랄 뿐 아니라, 번식도 한다. 시간이 흐르면서 수가 불어난다. 또 생물은 환경으로부터 성장과 번식에 필요한 에너지와 물질을 흡수한다. 생물학자들은 이 과정을 물질대사라고 한다. 그리고 아주 중요한 점은 생명이 진화한다는 것이다. 수정은 일단 형성되면 다이아몬드로 진화하지 않을 것이다. 그러나 지구 최초의 단순한 생물은 '수십억 년에 걸쳐서 우리가 어떻게 여기에 있는가'라는 대담한 질문을 하는 종을 포함하여 엄청나게 다양한 종으로 진화했다.

　　따라서 생명은 성장과 번식, 대사, 진화라는 특징을 지닌다고 할 수 있다. 이 말로 우리가 아는 생명의 범위를 어느 정도 합당한 수준으로 한정 지어 본다면, 최초의 생명은 어떤 모습이었을까? 이빨도 뼈도, 잎도 뿌리도 전혀 없었다. 현재 살고 있는 가장 단순한 생물은 세균과 그 사촌인 고세균Archaea이다. 성장과 번식, 대사, 진화에 필요한 모든 것을 하나의 세포 안에 담은 아주 작은 생물이다. 현재 살고 있는 모든 생물의 마지막 공통 조상은 세균 세포에 가까웠을 것이 틀림없지만, 가장 단순한 세균도 복잡한 분자 기계, 진화의 산물이다. 처음 출현했을 때에는 그렇지 않았다.

오랜 세월 스미소니언 국립 자연사 박물관은 원시 지구 전시실에서 좀 익살스럽지만 깨달음을 안겨주는 동영상을 상영했다. 동영상에는 한 세대 동안 미국인들에게 텔레비전의 "프랑스 요리사"라고 알려진 줄리아 차일드Julia Child가 출연했다. 복잡한 뵈프 부르기뇽 요리법을 시청자들에게 소개할 때와 똑같은 유쾌한 목소리로 줄리아는 "원시 수프" 요리법을 알려주었다. 이 단순한 화학물질들의 혼합액에서 생명이 출현했다고 여겨진다. 생명의 "요리법"이 있다는 개념은 단순해 보이긴 하지만, 생명의 복잡성을 구성 부분으로 해체하여 생명의 분자를 살펴볼 때 도움이 된다.

생물은 시간이 흐르면서 진화하는 화학적 기계다. 역사를 지닌 화학이라고도 말할 수 있겠다. 그래서 연구실에서 생명의 기원을 탐구하는 이들은 생명 없는 지구에서 생명의 화학적 성분들이 어떻게 형성될 수 있는지에 초점을 맞춘다. 세포의 구조적 및 기능적 측면을 맡고 있는 단백질을 생각해보자. 우리 몸의 단백질은 크고 복잡할 수 있지만, 아미노산—20종류가 조합되어 단백질을 만든다—이라는 비교적 단순한 화합물을 이어 붙여서 만든다. 글자들을 조합하여 의미를 지닌 단어와 문장을 만드는 것과 비슷하게, 아미노산들을 줄줄이 꿰어서 이런저런 기능을 하는 구조를 지닌 단백질을 만든다. 따라서 아미노산을 합성할 수 있다면, 단백질의 구성단위를 얻게 된다. 1953년 스탠리 밀러Stanley Miller와 해럴드 유리Harold Urey는 원시 지구에서 어떻게 아미노산이 형성될 수 있었는지를 보여주었다. 그들은 유리 용기에 지구의 원시 대기에 있었다고 여겨지는 단순한 분자들인 이산화탄소CO_2, 수증기H_2O, 천연가스의 주성분인 메테인CH_4, 암모니아NH_3를 집어넣어 원시 수프를 만들었다. 여기에 원시 지구의 번개가 일으키는 효과를 모방하여 전기 불꽃을 일으키자, 유리벽이 갈색으로 변하기 시작했다. 유리를 갈색으로 덮은 것은 아미노산을 비롯한 유기분자였다. 이 한 차례의 기념비적인 실험을 통해서, 밀러와 유리는 생명의 주요 구성단위들이 자연적인 과정을 통해 형성될 수 있음을 보여주었다.

　　DNA도 마찬가지다. 세포의 설명서이자 진화 기억인 DNA는 대단히 복잡하지만, 뉴클레오타이드^{nucleotide}라는 4가지 구성요소로만 이루어진다. DNA의 복잡성—그리고 정보—은 한 줄로 죽 이어져 있는 뉴클레오타이드들이 어떻게 배열되어 있느냐에 달려 있다. 단백질의 아미노산처럼, DNA의 뉴클레오타이드도 정보를 담는 글자 역할을 한다. 뉴클레오타이드는 더욱 단순한 성분으로 분해할 수 있다. 뉴클레오타이드는 오탄당^{pentose}(5개의 탄소로 이루어진 단당류), 인산 이온$^{PO_4^{3-}}$, 염기라는 단순한 유기 분자가 결합된 것이다. 염기는 지구가 아직 어릴 때 있었을 가능성이 높은 시안화수소^{HCN}를 비롯한 단순한 화합물로부터 합성할 수 있다. 게다가 우리는 오탄당이 폼알데하이드^{CH_2O} 같은 단순한 전구물질로부터 생성될 수 있다는 것을 100여 년 전부터 이미 알고 있었다. 폼알데하이드도 원시 지구에 있었다고 여겨진다. 그리고 인산 이온은 화산암이 화학적으로 풍화할 때 생겼을 것이다. 어떻게 이 성분들이 결합하여 뉴클레오타이드를 생성했는지는 수십 년 동안 과학자들에게 수수께끼로 남아 있었다. 그러다가 2009년 영국 화학자 존 서덜랜드$^{John Sutherland}$ 연구진이 원시 지구의 상태에 가까웠을 조건에서 두 종류의 뉴클레오타이드를 합성하는 데 성공했다.

마지막으로 모든 세포를 감싸고 있는 막의 분자 성분인 지질이 있다. 단백질과 DNA처럼, 지질도 더 단순한 단위로 이루어져 있다. 지방산이라는 긴 사슬 같은 분자다. 지방산도 마찬가지로 원시 지구에서 화학적으로 생성되었을 가능성이 높다. 놀랍게도, 지방산이 함유된 물을 흩뿌리거나 증발시키면, 지방산들은 저절로 모여서 공 모양의 미시구조를 형성한다. 세균을 감싸고 있는 막과 거의 비슷한 형태다.

따라서 생명의 주된 구성단위들, 즉 우리 세포를 이루고 있는 분자들은 우리 행성의 유아기 때 설령 흔하지는 않았다고 할지라도 국지적으로 형성된 조건하에서 자연적인 과정을 통해 형성될 수 있다. 이 결론이 그저 이론적인 것, 아니 실험실 차원의 것이 아님을 강조해두자. 우리는 방금 개괄한 유형의 반응들이 수십억 년 전에 일어났다는 것을 안다. 우리 초기 태양계의 놀라운 유물인 운석에 잘 기록되어 있다. 커지는 지구에 물과 탄소를 공급한 원천이라고 이미 말한 바 있는 탄소질 콘드라이트에는 아미노산(70가지!), 당, 지방산 등 놀라울 만치 다양한 유기분자가 들어 있다. 생명을 출현시킨 화학은 우주 전체에 널리 퍼져 있을지도 모른다.

여기까지는 이해하기가 쉽다. 하지만 이제부터 좀 까다로워진다. 우리는 아미노산들이 결합하여 펩타이드^{peptide}라는 짧은 선형 분자를 만든다는 것을 안다. 이는 단백질로 나아가는 중간 단계에 해당한다. 뉴클레오타이드도 거의 비슷한 과정을 거쳐서 DNA를 만든다. 살아 있는 생물의 DNA에는 단백질 합성의 분자 명령문이 들어 있다. 즉 단백질을 만들려면 DNA 명령문이 있어야 한다. 거꾸로 DNA를 복제하려면 단백질이 필요하다. 그런데 이 둘 중 어느 것이 먼저 출현했을까? 이 문제는 닭이 먼저냐 달걀이 먼저냐 하는 문제나 다름없다. 해결 방법이 있을까?

답은 DNA도 단백질도 최초로 진화하고 있던 원시 생물에 없었을 수도 있다는 것이다. 1970년대에 내가 처음 생물학을 공부했을 때, 뉴클레오타이드로 이루어진 또 다른 분자인 RNA는 대체로 세포의 산파 역할을 한다고 여겨졌다. 즉, DNA의 명령문을 복사하여 단백질로 전달하는 일을 하는 매개 분자라고 보았다. RNA에 리보솜이라는 작은 세포내 구조가 결합되어서 단백질을 만들었다. 하지만 그 뒤로 RNA 분자가 놀라울 만치 다양하다는 것이 드러났고, 기능도 매우 많다는 것이 밝혀졌다. RNA는 사촌인 DNA처럼 정보를 저장하지만, 일부 RNA는 효소처럼 작용한다. 이것으로 RNA가 예전에 오로지 단백질의 영역이라고 여겨졌던 일도 할 수 있다는 것이 드러났다.

또 작은 RNA 분자는 세포 내에서 유전자 발현을 조절하는 일도 한다는 것이 밝혀졌다. 게다가 리보솜 분자를 상세히 조사하자, RNA가 그 구조의 핵심 기능을 맡고 있다는 것도 드러났다. 마지막으로, 최근의 실험에서는 실험실에서 합성한 RNA 분자를 인위 선택을 통해 진화시켜서 특정한 일을 수행하도록 다듬을 수 있다는 것도 알게 되었다. RNA 분자가 정보를 저장하고, 효소 기능을 하고, 진화할 수 있다는 발견은 한 가지 대담한 생각으로 이어진다. 번식하고 진화한 최초의 실체가 DNA와 단백질이 아니라 RNA로 이루어져 있었을 가능성이다.

생명의 기원을 연구하는 많은 이들은 RNA 세계 가설^{RNA World} ^{hypothesis}을 좋아한다. 저절로 형성된 공 모양의 지질막 안에 들어간 초기 RNA 분자(또는 RNA 유사 분자)는 성장하고 증식하며 서서히 진화하면서 점점 더 복잡해지고 특이성을 띨 수 있었을 것이다. 시간이 흐르자 RNA 전구물질에서 DNA도 진화했을 것이다. DNA는 세포 정보를 저장하는 훨씬 더 안정적인 창고 역할을 하는 대신에, RNA의 다른 기능들은 다 버렸다. 그리고 아미노산은 RNA 및 DNA와 상호작용을 하며, 일반적으로 RNA 효소보다 활동 속도가 훨씬 빠른 단백질은 세포의 구조적 및 기능적 활동의 대부분을 떠맡는 쪽으로 진화했다. 흥미롭게도 최근에 DNA와 RNA의 기본 구성단위가 생명이 출현하기 전의 조건에서 형성될 수도 있음을 보여주는 연구 결과가 나왔다. 따라서 모든 살아 있는 세포에서 나타나는 DNA와 RNA 사이의 춤이 생명의 유아기 때부터 펼쳐졌을 수도 있다.

RNA 세계 가설과 그 수정 가설들에도 해결해야 할 문제가 있는데, 바로 대사를 어떻게 통합할 것이냐이다. 최초의 생명체는 환경과 상호작용할 어떤 분화한 기구도 전혀 없이 그저 성장하고 증식하며 진화하는, RNA 분자가 지질막 안에 들어 있는 형태였을지도 모른다. 그럴 가능성은 분명히 있으며, 이 개념을 선호하는 과학자들도 많다. 그러나 대사가 최초의 생명체를 형성하는 데 꼭 필요한 것이 아니라고 해도, 여러 면에서 생명을 흥미롭게 만든다. 대사 덕분에 생물은 바다나 대기와 상호작용할 수 있고, 궁극적으로 양쪽의 조성을 바꿀 수 있다. 이 점을 염두에 두고서 몇몇 과학자는 다른 문을 통해 생명의 기원이라는 미로로 들어가는 쪽을 택한다. 정보보다 대사를 강조하는 문이다. 이 관점은 대사의 초보적인 형태가 해령의 에너지가 풍부한 뜨거운 샘 주위에서 시작되었다고 본다.

대사가 먼저라고 하는 가설은 RNA 세계 가설과 정반대 문제를 안고 있다. 출현한 생명체가 주변 환경과 어떻게 상호작용하게 되었는지에 관한 흥미로운 단서들을 제공하지만, 이 토대로부터 DNA, RNA, 단백질의 정보가 어떻게 진화했는지를 설명하려는 시도는 "여섯째 날에⋯⋯"처럼 어떤 일이 일어났다는 식으로 얼버무리는 듯한 느낌을 준다. 따라서 생명의 기원 문제는 계속 연구 중에 있다. 우리가 아는 것은 원시 지구에서 자기 복제하고 대사하며 진화할 수 있는 세포가 어떤 식으로든 간에 출현하여 행성을 변모시킬 무대를 마련했다는 것이다(나는 일부 과학자들이 범종설, 즉 물리적으로든 외계인을 통해서든 간에 어딘가에서 초기 우주로 생명의 씨앗이 뿌려졌다는 가설에 열광하는 것도 이해가 간다. 화성이나 다른 어떤 행성에 유성이 충돌했을 때 우주로 미생물이 튀어 나갔다가 이윽고 비옥한 지구로 유입되었을 수도 있다. 초기 태양계에 그런 생명의 배양기가 있었는지는 불분명하며, 자연적으로든 아니든 간에 태양계 바깥의 행성에서 생명이 파종될 확률은 터무니없을 만치 낮을 것이다. 오는 데 아주 오래 걸릴 뿐 아니라, 미생물 이주자가 번성할 만한 환경에 다다를 가능성이 거의 없기 때문이다. 물론 설령 그런 개념을 받아들이는 쪽을 택한다고 해도, 기원 문제가 풀리는 것은 아니다. 그저 시간과 공간을 옮기는 것에 불과하다).

생명이 어떻게 기원했는지는 아직 제대로 이해하지 못하고 있지만, 생명이 지구에 언제 자리를 잡았는지는 아마 추정할 수 있지 않을까? 그러면 생명이 시작될 당시 지표면의 특성을 어느 정도 파악할 수도 있을 것이다. 이제 문제는 지질학적인 것이 된다. 동식물보다 훨씬 오래된 미생물들이 암석에 추적 가능한 흔적을 남길 수 있다는 전제하에 말이다. 세균처럼 아주 작고 허약해 보이는 생물이 더 나중 시대의 공룡 뼈와 석화한 나무처럼 원시 지구의 생명 활동을 기록한 흔적을 남길 수 있을까?

오래전 젊은 고생물학자 시절의 나는 고대 미생물의 증거를 찾아서 북극권의 스피츠베르겐섬으로 갔다. 빙하에 깎인 절벽들에 8억 5,000만 년 전~7억 2,000만 년 전에 수천 미터 높이로 쌓인 퇴적암이 드러나 있었다(〈그림 3-1〉). 이 암석에는 뼈도 껍데기도 없으며, 생물이 남긴 흔적도 자취도 전혀 없다. 사실 이 암석이 생성된 지 수백만 년이 흐른 뒤의 지층부터 비로소 동물의 화석이 나오기 시작한다. 하지만 살펴보는 법을 안다면, 스피츠베르겐의 암석에 생명이 뚜렷이 서명을 남겼다는 것을 알아볼 수 있다.

처트chert부터 이야기해보자. 처트는 부싯돌이라고도 한다. 미세한 석영 알갱이로 이루어진 아주 단단한 암석이다. 영국 남동부에는 부싯돌로 지은 교회들이 있다. 중세 건축가들이 구할 수 있던 가장

그림 3-1 스피츠베르겐의 빙하로 뒤덮인 고지대에 드러나 있는 8억 년 전~7억 5,000만 년 된 퇴적암으로 된 절벽. 이 암석과 전 세계의 비슷한 암석에는 동식물이 진화하기 오래전부터 미생물이 풍부하게 존재했음을 보여주는 증거가 담겨 있다.

단단한 암석인 반들거리는 검은 자갈로 덮인 건물들이다. 이 독특한 암석의 기원을 이해하려면 도버 해협의 하얀 절벽^{White Cliffs}으로 가야 한다. 백악^{Chalk}으로 이루어진 이 장엄한 절벽에는 곳곳에 검은 처트들이 덩어리진 채 박혀 있다. 약 7,000만 년 전 해저에 쌓이면서 석회질 퇴적물 속에 박힌 것이다. 이런 단괴는 검은색을 띤다. 덩어리가 성장할 때 유기물이 갇히면서 섞였기 때문이다. 그래서 처트는 고생물학의 보석이 된다. 쌓일 당시에 묻힌 미생물의 화석까지 포함하여 고대의 유기물을 보전할 수 있어서다.

스피츠베르겐에는 빙하에 깎여나가서 두꺼운 석회암 지층이 드러난 골짜기들이 많다. 그중에는 하얀 절벽에 있는 것과 같은 검은 처트 덩어리가 박힌 곳도 있다(〈그림 3-2〉). 처트를 종잇장처럼 얇게 잘라서 현미경으로 들여다보면, 석화한 미생물 세계가 드러난다. 아주 작지만 아름다운 화석들이 가득하다(〈그림 3-3, 4〉). 특히 남세균^{cyanobacteria}이 많다. 남세균은 광합성을 하는 세균으로써, 뒤에서 말하겠지만 지구 역사에 대단히 중요한 역할을 해 왔다. 처트에는 미세한 조류와 원생동물도 들어 있으며, 얕은 바다 밑에 쌓인 개펄에는 더 많은 미화석들이 보존된다. 납작하게 짓눌린 오래된 케이크처럼 층층이 쌓인 지층 사이에 들어 있다(〈그림 3-5〉). 이곳과 전 세계의 마찬

3-2

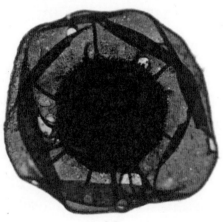

3-3

그림 3-2~5

스피츠베르겐의 석회암 지층
에 박혀 있는 검은 처트 단괴
(〈그림 3-2〉). 처트 안에는 남
세균(〈그림 3-3, 4〉)을 비롯한
다양한 미생물들의 미화석이
가득하다. 같은 지층에 있는
이암에는 단세포 진핵 미생
물의 멋진 화석도 들어 있다
(〈그림 3-5〉).

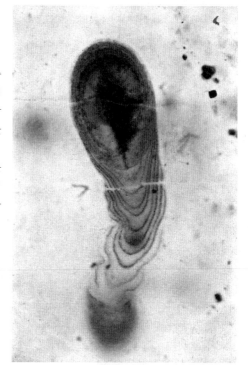

3-4

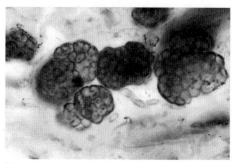

3-5

가지로 오래된 암석에 들어 있는 화석들은 동물이 진화했을 때 이미
세계가 생명으로, 주로 미생물로 꽉 차 있었음을 말해준다.

스피츠베르겐의 석회암이 형성되던 시기에 그곳 해안을 걸었다
면, 남세균을 비롯한 미생물들이 마치 청록색 담요처럼 조간대의 꼭
대기까지 빽빽하게 뒤덮고 있는 광경을 보았을 것이다. 그리고 앞바
다로 나가면, 해저에서부터 솟아오르고 있는 청록색을 띤 덩어리들
이 보일 것이다. 바로 스트로마톨라이트 stromatolite 다. 고대 해저에서
미생물들이 바윗덩어리처럼 모여서 일종의 암초를 형성하여 점점 위
로 자라나는 것을 말한다. 이 스트로마톨라이트 화석은 세계 곳곳에
서 발견된다. 오늘날 해안의 암초는 조류와 공생하면서 겉뼈대를 형
성하는 동물이 주로 만든다. 산호초가 그렇다. 그러나 동물이 산호초
로 지구를 장식하기 오래전에는 미생물 건축가들이 그 일을 했다. 스
피츠베르겐의 절벽에는 높이 몇 미터까지 솟아 있는 돔, 기둥, 원뿔
모양의 덩어리들이 군데군데 박혀 있다(〈그림 3-6〉). 우리는 스트로
마톨라이트를 미생물이 만들었다고 자신 있게 말할 수 있다. 지금도
미생물들이 동물과 해초에 시달리지 않은 채 해저에서 살아가는 세
계의 몇몇 해역에서 스트로마톨라이트가 자라고 있기 때문이다. 이

런 환경—고대 지구에서처럼—에서는 덮개처럼 뒤덮은 미생물 공동체가 퇴적물을 가두고 묶고 접착시키면서 층층이 쌓여 바윗덩어리를 만들어 간다.

화학적 분석을 하면 미생물의 흔적을 더 많이 찾아낼 수 있다. 이때 1장에서 설명한 동위원소가 중요한 역할을 한다. 말했다시피, 생명의 주된 원소인 탄소에는 탄소-12와 탄소-13이라는 두 가지 안정한 동위원소가 있다. 탄소 동위원소는 고대 생물의 이야기를 들려줄 수 있다. 광합성 생물이 이산화탄소를 고정하여 유기 분자를 만들 때, 더 무거운 동위원소인 탄소-13보다 더 가벼운 탄소-12를 지닌 이산화탄소를 더 많이 쓰기 때문이다. 생물이 일부러 탄소-12를 고르는 것은 아니다. 그저 가벼운 이산화탄소가 세포에 있는 효소와 더 쉽게 반응하기 때문이다. 따라서 이산화탄소가 풍부할 때, 광합성 생물은 환경에 있는 무기 탄소에 비해 탄소-12의 비율이 좀 더 높은 유기물을 만든다. 이 차이는 수천 분의 1 수준에 불과하지만, 질량 분석기라는 장치로 정확히 측정할 수 있다. 지금 바하마 제도로 가서 거기에 쌓인 석회암과 그 안에 든 유기물의 탄소 동위원소 조성을 분석하면, 석회암과 유기물의 동위원소 조성이 약 25/1,000 차이가 난다. 스피츠베르겐의 암석을 분석해도 비슷한 결과가 나온다. 이는 8억

그림 3-6 스트로마톨라이트. 미생물 군집이 쌓이는 고운 퇴적물 알갱이를 가두었다가 함께 굳으면서 층층이 쌓이는 구조물이다. 자갈 같은 단단한 표면에 달라붙은 미생물 군집이 퇴적물이 쌓이면서 점점 위로 올라온다. 사진은 이렇게 층층이 성장이 이루어진 기록을 보여준다. 오른쪽의 기둥들은 지름이 약 5센티미터다.

5,000만 년 전~7억 2,000만 년 전에도 생물학적 탄소 순환이 일어나고 있었음을 시사한다. 황철석과 석고에 보존된 황의 동위원소도 고대에 세균을 통한 황 순환sulfur cycle이 일어나고 있었음을 말해준다.

마지막으로, 고대 암석에는 때로 진짜 생명 분자가 들어 있곤 한다. 생물이 만든 분자가 그 생물이 죽은 뒤에도 오랫동안 암석에 보존된 것이다. DNA나 단백질이 보존되었다면 더할 나위 없겠지만, 사실 오래된 암석에서 그런 소원이 충족되는 사례는 거의 없다. 지난 10년 동안 고대 DNA의 연구 쪽으로 놀라운 혁신이 이루어져 왔지만, 현재까지 믿을 만한 수준으로 DNA를 추출할 수 있는 뼈나 껍데기 화석은 200만 년 이내의 것이다. 마찬가지로 세균과 곰팡이의 좋은 먹이인 단백질은 가장 최근의 암석에만 겨우 남아 있을 뿐이다. 보존되는 것은 지질, 즉 막의 질긴 성분이다. 나는 학생들에게 여러분이 죽은 뒤에 먼 미래 세대가 살펴볼 수 있을 마지막 잔해는 여러분의 콜레스테롤일 것이라고 농담을 하곤 한다! 아직까지 스피츠베르겐의 암석에서는 보존된 생명 분자가 그다지 발견되지 않았지만, 비슷한 연대의 다른 암석들에는 다양한 미생물의 분자가 보존되어 있다. 요약하자면 미생물은 퇴적암에 다양한 서명을 남길 수 있고, 스피츠베르겐을 비롯한 세계의 8억 5,000만 년 전에서 7억 2,000만 년 전 사이의 암석들에는 그런 서명이 많이 보존되어 있다.

생명의 기록은 얼마나 멀리까지 거슬러 올라갈까? 나는 호주와 시베리아에서 15~16억 년 된 암석을 조사했는데, 나이가 스피츠베르겐 암석의 두 배에 달하는 그 암석들에도 마찬가지로 미화석, 스트로마톨라이트, 생명 분자, 미생물의 탄소와 황 순환의 동위원소 증거가 들어 있다. 다시 연대를 두 배 더 올리면, 생물의 흔적이 충분히 잘 보존된 가장 오래된 퇴적암이 나온다. 남아프리카와 웨스턴오스트레일리아의 오지에 보존된 33~35억 년 된 암석이다. 지구가 젊었을 때의 모습을 담은 이 희귀한 생존자들은 주로 화산 분출물과 화산재로 이루어져 있지만, 그 사이에 얇게 낀 퇴적층은 고대 생물의 삶을 알려줄 수 있다. 이 처트가 풍부한 암석의 미화석을 조사한 논문들은 논쟁을 불러일으켜 왔다. 이런 지층에서 발견된 단순한 유기적 미시 구조는 쌓인 지 오래된 퇴적물에 스며든 열수의 작용으로 형성된 것일 수도 있기 때문이다. 또 이 암석은 묻힌 뒤 지구조 변형을 거치면서 가열되었기에, 설령 생물 표지 분자biomarker molecules(살아있는 유기체의 존재를 나타내는 물질)들이 원래 있었다고 할지라도 다 파괴되었을 가능성이 높다. 그러나 동위원소 분석 결과는 원시 지구에 갓 생겨난 생물권으로 탄소와 황을 순환시키는 미생물이 이미 우글거렸다

그림 3-7 호주 웨스턴오스트레일리아의 34억 5,000만 년 된 퇴적암에 들어 있는 스트로마톨라이트 화석. 탄소와 황의 동위원소 증거와 함께, 이 구조는 원시 지구에 미생물이 살았음을 증언한다. 오른쪽에 놓인 자는 길이가 15센티미터다.

고 시사한다. 그리고 스트로마톨라이트는 얕은 해저에 미생물 군집이 있었음을 전한다(〈그림 3-7〉).

따라서 35억 년 전에도 지구는 이미 생명의 행성이었다. 그리고 더 이전에도 생물이 있었음을 말해주는 증거가 약간 있다. 그린란드 남서부의 피오르 해안에는 희귀한 암석 중에서도 특별히 더 희귀한 암석이 있다. 약 38억 년 된 화성암과 퇴적암이다. 이 암석은 변성작용을 거쳤고, 퇴적암에 원래 들어 있던 유기물은 열과 압력에 변형되어 흑연이 되었다. 그러나 이 흑연의 탄소 동위원소 조성을 분석하자, 더 나중 암석에 보존된 유기물과 거의 흡사하게 생물학적 탄소 순환이 일어났음을 시사하는 결과가 나왔다. 그리고 2장에서 말했듯이, 호주 잭힐스에서 나온 41억 년 된 지르콘 결정에 든 흑연 얼룩에도 탄소-13이 없었다. 우리는 이 가장 오래된 탄소가 지구 깊은 곳에서 형성되지 않았다고, 즉 깊은 곳에서 지르콘 결정이 생길 때 들어간 것이 아니라고 장담할 수는 없지만, 이런 증거들이 전반적으로 무엇을 가리키는지는 명백하다. 시간을 거슬러 올라갈수록, 생명의 증거를 찾기 어렵다기보다는 살펴볼 암석 자체를 찾기가 어렵다는 것이다. 지구는 기나긴 역사의 대부분에 걸쳐서 생명의 행성이었다.

약 40억 년 전, 또는 그 이전에 생명이 시작되었을 때 지구는 어떤 모습이었을까? 지질학은 뭐라고 말할까? 이미 말했듯이, 어린 지구는 물의 행성이었다. 끝없이 펼쳐진 수면 위로 화산섬과 작은 대륙 같은 땅덩어리가 삐죽 고개를 내밀고 있을 뿐이었지만, 생명 이전 단계의 화학 반응을 일으킬 에너지는 가득했다. 지표면에는 자외선이 쏟아졌고, 방사성 동위원소도 붕괴하면서 에너지를 담은 방사선을 내뿜었다. 또 화산과 열수 분출구도 곳곳에서 열을 뿜어냈다. 그리고 곳곳에서 번개가 원시 대기를 갈랐다. 지금과 마찬가지로 온천과 해령처럼 뜨거운 환경도 곳곳에 있었지만, 가장 최근 자료는 원시 해양과 대기의 온도가 오늘날과 그리 크게 다르지 않았음을 시사한다.

이 점은 그 자체가 수수께끼다. 별의 진화 모형은 40억 년 전 태양의 밝기가 지금의 약 70퍼센트밖에 안 되었다고 말하기 때문이다. 태양이 흐릿했다면, 원시 지구는 왜 얼음덩어리가 되지 않은 것일까? 이유는 '온실가스' 때문이다. 온실가스는 21세기인 지금 지구 온난화를 일으키는 원인으로 취급받지만, 더 장기적으로 보면 지구의 서식 가능한 기후를 유지하는 역할을 한다. 특히 대기의 이산화탄소는 지금보다 농도가 100배 이상 높았을 것이 틀림없다. 그래서 어린 지구의 표면에 액체 물이 유지될 만큼 지구를 따뜻하게 유지했을 것이다.

원시 대기는 주로 질소와 이산화탄소로 이루어져 있었고, 거기에 수증기와 수소 기체가 많아졌다 적어졌다 하면서 섞였다. 1장에서 말했듯이, 고대 퇴적암을 화학적으로 분석하면 유달리 산소가 없다는 사실이 드러난다. 생명의 기원이라는 측면에서 보면 좋은 일이었다. 무수한 실험을 통해 우리가 배운 것 중 하나는 생명의 기원으로 이어질 화학 반응이 산소가 존재할 때는 제대로 진행되지 않는다는 것이다.

따라서 생명은 현대인의 눈으로 볼 때 지구임을 거의 알아보기 어려운 환경에서 출현했다. 물로 뒤덮여 있고 육지는 거의 없었으며, 대기에 이산화탄소가 많은 데 비해 산소는 거의 전혀 없었고, 수소를 비롯한 기체들이 여기저기 널리 퍼져 있는, 마치 온천처럼 부글거리며 솟아오르는 세계였다. 바로 이 세계가 생명을 벼려낸 모루였고, 그곳에 있었다면(산소통을 맨 채로) 발밑에서 일어나고 있는 변화를 알아차리지 못했을 수도 있다. 그러나 이렇게 시작은 초라했지만, 생명은 불어나고 다양해지면서 지구를 세균, 돌말, 세쿼이아, 우리로 가득 채웠다. 이 행성의 표면을 지금까지 계속 다듬고 또 다듬으면서 말이다.

지질 연대

"관찰을 토대로 한 다른 모든 자연과학 분야처럼, 우리는 지구 지각의 잡다한 거대한 덩어리들이 자연스럽게 집단으로 묶이며, 집단들이 일정한 순서로 배열되는 것을 본다." 영국 지질학자 애덤 세지윅^{Adam Sedgwick}은 이런 말로 19세기에 이루어진 지구과학의 위대한 혁신을 요약했다. 즉, 지구의 나이가 대단히 많다는 사실을 알아차리고 지질학적 시간을 체계적으로 정리한 것 말이다. 1835년 세지윅은 영국 지질학자 로더릭 임페이 머치슨^{Roderick Impey Murchison}이 그 무렵에 제시한 고생물학적으로 독특한 지층인 실루리아계^系의 더 아래쪽에 형태와 위치 면에서 다른 암석들과 구별되는 퇴적암 지층을 웨일스에서 보고서, 그 지층에 캄브리아계라는 이름을 붙였다. 그로부터 수십 년이 흐르는 사이에 많은 체계들이 제시되었고, 층서학적 관계에 따라서 상대적으로 들어맞는 위치에 끼워졌다. 실루리아계 암석은 캄브리아계 암석보다 더 나중에 생겼다. 늘 캄브리아계의 암석보다 더 위에 놓여 있었기 때문이다. 데본계 암석은 더 나중에 생겼다. 각 지층이 쌓인 기간은 이윽고 '기紀'라고 불리게 되었고, 화석은 지구의 시간 기록 원 역할을 맡게 되었다. 그 결과로 나온 것이 바로 지질 연대였다. 아니 적어도 우리가 현생누대Phanerozoic Eon(눈에 띄는 동물 화석이 출현한 이후 시대)라고 부르는 것이었다.

20세기에 들어설 무렵에는 더 나중에 형성된 암석들에 기록된 사건들의 상대적인 시간은 꽤 상당히 확정된 상태였다. 그러나 지질학자들은 신생대의 포유동물이 중생대의 공룡보다 더 나중에 나왔다는 것은 확신했지만, 이런 지질 시대나 그 독특한 화석이 실제로 몇 년도에 해당하는지는 알지 못했다. 이런 상황은 방사성이 발견되면서 영구히 바뀌었다. 앞서 동위원소를 설명할 때, 같은 원소이지만 들어 있는 중성자의 수에 따라서 구별되는 것이라고 했다. 탄소는 안정한 동위원소가 탄소-12와 탄소-13 두 가지이지만, 세 번째 동위원소도 있다. 방사성을 띠는 탄소-14다. 탄소-14는 원자핵이 불안정하기에, 시간이 흐르면 붕괴하여 전자(흥미가 있는 독자를 위해 더 자세히 말하자면, 전자 반중성미자다)를 방출하고 질소로 바뀐다. 우리는 이 붕괴 속도를 측정할 수 있다. 탄소-14의 반감기, 즉 처음에 있던, 이를테면 한 나무토막에 들어 있던 탄소-14의 절반이 질소로 붕괴하는 데 걸리는 시간은 5,730 ±40년이다. 그래서 탄소-14는 지질 연대의 시간을 보정하는 데 쓰인다.

반감기가 비교적 짧기 때문에, 탄소-14는 고고학 유물의 연대를 측정하는 데에는 유용하지만, 기나긴 지질 연대를 측정하는 데에는 맞지 않다. 그 일은 다른 방사성 동위원소가 한다. 특히 우라늄의 동위원소가 널리 쓰인다. 1장에서 말했듯이, 화강암 및 그와 관련된 화성암에서 널리 형성되는 지르콘은 연대 측정에 특히 유용한 광물이기에, 지질학자들은 지르콘을 써서 지구의 기나긴 역사의 연대를 더 정확히 추정할 수 있다. 지질학자들은 야외 현장과 연구실에서 아주 힘들게 연구를 함으로써, 각 지질 연대의 추정 범위를 점점 좁혀 왔다. 현재 우리는 티라노사우루스 렉스가 후기 백악기에 살았다는 것뿐 아니라, 구체적으로 6,800만 년 전~6,600만 년 전에 고대의 숲을 쿵쿵거리면서 돌아다녔다는 것까지 알고 있다. 방사성 연대 측정법은 현생누대 이전의 연대를 확정 짓는 데에도 중요한 역할을 해 왔다. 〈그림 3-8〉은 2020년의 우리가 이해하고 있는 지질 연대표다. 지질 연대를 정확히 추정하는 일은 꾸준히 계속되고 있다. 아직 밝혀야 할 세세한 사항들이 많이 있기 때문이다. 이 표는 화석이 풍부한 현생누대의 연대를 감탄이 나올 만치 상세히 적고 있을 뿐 아니라, 그 누대 전체가 지구 역사 중 가장 최근의 13퍼센트에 해당한다는 것도 보여준다. 모호한 하데스대(45억 4,000만 년 전~40억 년 전), 시생대(40억 년 전~25억 년 전), 긴 원생대(25억 년 전~5억 4,100만 년 전)가 지질 시대의 대부분을 차지한다. 잠시 짬을 내어 이 지질 연대표를 살펴보기를. 뒤의 장들에서 지질 시대를 가리킬 때 누대Eon, 대Era, 기Period의 이름을 자주 쓸 테니까. 역사가들이 철기시대, 중세시대, 문예부흥시대라는 말을 쓰는 것과 비슷하다.

그림 3-8 지질 연대표. 국제층서학회의 국제층서연대표를 토대로 했다.

누대	대	기	빙하기 ❄	누대

누대	대	기	빙하기 ❄	누대	
1만 년 전		제4기 ❄			1만 년 전
260만 년 전	신생대	신제3기		현생누대	
2,300만 년 전		고제3기			5억 4,100만 년 전
6,600만 년 전			대멸종	❄	
		백악기		❄	
1억 4,500만 년 전	중생대			원생누대	
		쥐라기			
2억 100만 년 전		트라이아스기	대멸종		
2억 5,200만 년 전			대멸종		
		페름기 ❄		❄	25억 년 전
2억 9,900만 년 전		❄			
	고생대	❄		❄	
		석탄기 ❄		시생누대	
		❄			
3억 5,900만 년 전		❄	대멸종		
		데본기			
4억 1,900만 년 전		실루리아기			40억 년 전
4억 4,400만 년 전		❄	대멸종		
		오르도비스기		하데스누대	
4억 8,500만 년 전					
		캄브리아기			
5억 4,100만 년 전					45억 4,400만 년 전

4

산소 지구

호흡할 수 있는 공기의 기원

공기에 산소가 없었다고? 바로 이 점 때문에 우리 세계는 어린 지구의 세계와 근본적으로 달랐다. 그런데 이 말이 참인지 아닌지 우리는 어떻게 알까? 원시 지구가 지금의 지구와 그렇게 달랐다는 것을 어떻게 확신할 수 있으며, 그랬던 지구가 어떻게 우리뿐 아니라 개미핥기와 코끼리가 살 수 있는 행성으로 변할 수 있었을까? 우리는 실제로 원시 대기의 표본을 갖고 있다. 남극의 얼음에 갇힌 공기 방울이 그것이다. 그런데 이 공기 방울 중 가장 오래된 것도 약 200만 년밖에 되지 않았다. 그러니 더 오래된 공기와 바다가 어떠했는지는 암석 기록에 새겨진 화학적 흔적을 토대로 추론해야만 한다. 네안데르탈인이 남긴 유물로부터 그들의 문화가 어떠했는지를 알아내는 것처럼, 우리는 암석과 광물로부터 지구의 원시 대기의 모습을 끼워 맞춘다. 암석과 광물의 조성은 형성될 때 공기와 물에 어떤 식으로 접촉했는지를 보여주기 때문이다.

데일스 협곡Dales Gorge은 출발점으로 삼기에 좋은 장소다. 호주 북서부의 건조한 평원에 좁게 파인 골짜기인 이곳에는 거의 25억 년 전에 높이 쌓인 퇴적암 지층이 드러나 있다(〈그림 4-1〉). 이 암석은 그 자체로 특이하다. 처트와 철 광물의 혼합물이 균일하게 층층이 쌓여 있으며, 풍화된 철과 호주 내륙 오지로 침입한 붉은 먼지 때문에 적갈색을 띤다. 이 암석에는 철광층iron formation이라는 딱 맞는 이름이 붙어 있으며, 주방에서 무쇠로 만든 프라이팬을 쓴다면, 그 팬의 금속은 바로 이런 유형의 암석에서 나왔을 가능성이 꽤 높다.

흥미롭게도 철광층은 현대의 해저에서는 생기지 않는다. 이런 퇴적층이 생기려면, 철이 용액 형태로 바다로 흘러들어야 하며, 그런 일은 산소가 없어야만 가능하다. 산소는 소량만 있어도 녹은 철과 반응하여 산화철 광물을 형성할 것이다. 현재의 대양은 철 농도가 아주 낮다. 따라서 철광층은 대체로 바다에 산소가 없었음을 말해주는 흔적이다. 그리고 해수면의 물은 대기와 기체를 쉽게 교환하므로, 산소가 없는 바다 위에는 아마 산소가 적은 공기가 있었을 것이다.

철광층은 약 24억 년 이상 된 퇴적 분지들에 널리 퍼져 있지만, 그 뒤로는 급감한다. 이는 그 무렵부터 산소가 대기와 해수면으로 들어오기 시작했음을 시사한다. 다른 지질 현상들도 이 결론을 뒷받침한다. 예를 들어, 황철석은 박물관 같은 곳에 멋진 황금색 정육면체 결정 형태로 전시되어 있곤 한다. 이 황철석도 산소의 이야기를 들려

그림 4-1 웨스턴오스트레일리아 데일스 협곡에 드러난 25억 년 된 철광층

준다. 고대의 이암과 일부 화성암에서 발견되는 황철석은 산소에 극도로 민감하다. 산소가 풍부한 습한 환경에 놔두면, 석고에 들어 있는 형태의 황인 황산염$^{sulfate, SO_4^{2-}}$으로 산화될 것이다. 이 산화는 몇 년에서 수십 년에 걸쳐 일어나므로, 비록 대륙에 노출된 암석이 침식되면서 황철석이 계속 나오긴 해도, 우리는 해안의 모래알에서는 이 광물을 결코 보지 못한다. 오래된 암석이 침식될 때 나오는 황철석은 산소와 반응하여 사라지기 때문이다.

　　이것이 사소한 지질학적 현상처럼 보일지 몰라도, 24억 년 이전에 해안을 따라 쌓인 사암을 조사하면 육지에서 침식되어 강을 통해 하류로 운반되었다가 해안에 죽 쌓인 고운 황철석 알갱이들이 보인다. 모두 소량의 산소와도 오랫동안 접촉한 적이 없었기에 쌓인 것이다. 반면에 24억 년 전보다 더 나중에 쌓인 퇴적층에서는 그런 알갱이를 거의 볼 수 없다. 산소에 민감한 다른 광물들도 같은 이야기를 들려준다.

　　고대에 풍화되는 암석 표면층도 24억 년 전에 지구에 변화가 일어났음을 증언한다. 자연의 힘에 노출된 암석은 화학적 풍화가 일어나면서, 암석 표면의 광물 조성이 달라진 지각을 생성하고 토양 형성에 기여한다. 여기서 다시금 철이 관여하며, 이유는 앞서 말한 것과 동일하다. 철을 함유한 광물이 산소가 없는 공기와 물에서 풍화할 때, 들어 있던 철은 용액이 되어서 빗물과 강물을 통해 운반된다. 이런 조건에서 모암과 풍화된 표면의 철 함량을 비교하면, 풍화되는 표면에는 철이 사라지고 없다. 반면에 산소가 있을 때에는 풍화되어 나온 철은 금방 산화철 광물을 형성함으로써 그 자리에 그대로 남아 있다. 이제 고대의 풍화되는 표면층이 산소와 접촉한 증거가 처음 나타난 때가 언제인지 추측할 수 있는지? 24억 년 전이라고? 정답이다.

마지막으로 고대 황철석과 석고의 황 동위원소를 상세히 분석하면, 24억 년 전보다 더 이전에는 대기의 화학적 과정이 지구의 황 순환에 주된 역할을 하다가, 그 이후에는 중단되었음을 알려준다. 화학적 모델은 이 상세한 동위원소 흔적이 대기의 산소 농도가 극도로 낮을 때에만 생길 수 있음을 시사한다. 현재의 1/100,000보다 낮을 때다.

따라서 20억 년이 넘는 세월 동안, 즉 지구 역사의 거의 전반기에 해당하는 기간에 지구의 대기와 대양에는 본질적으로 산소 기체가 없었다. 따라서 당신과 나 같은 생물은 출현할 수가 없었다. 여기서 두 가지 중요한 의문이 제기된다. 앞서 지구가 35억 년 전에, 아니

아마 그보다 훨씬 이전부터 생물의 행성이었다고 주장한 바 있다. 그런데 이 초기의 무산소 지구에서 어떤 종류의 생물이 번성할 수 있었을까? 그리고 마찬가지로 중요한 또 한 가지 의문은 이것이다. 이 오랫동안 유지되던 지표면의 상태가 24억 년 전에 왜 바뀐 것일까?

산소가 없이도 생명이 존재하느냐는 질문은 비교적 답하기 쉽다. 지금도 산소가 없는 환경이 있으며, 그런 곳에도 생명이 우글거리기 때문이다. 이런 금지된(우리에게) 서식지에서 어떻게 생명이 존속할 수 있을까? 우리에게 친숙한 거시 세계에서는 식물이 광합성을 함으로써 에너지와 탄소를 얻는다. 광합성은 빛 에너지를 이용하여 이산화탄소에서 당(탄수화물)을 합성하고 산소 기체를 부산물로 내보내는 과정이다.

$$6CO_2 + 6H_2O \xrightarrow{\text{빛 에너지}} C_6H_{12}O_6 + 6O_2$$

이산화탄소   물   탄수화물   산소

광합성은 단순화하면 다음과 같은 화학식으로 나타낼 수 있다.

$$CO_2 + H_2O \rightarrow CH_2O + O_2$$

동물은 광합성을 뒤집은 과정을 수행한다. 유기분자를 먹어서 그 분자를 산소와 반응시켜 에너지를 얻는다. 이를 호흡이라고 한다 (물론 식물도 호흡한다).

$$CH_2O + O_2 \rightarrow CO_2 + H_2O$$

이 두 반응은 서로 반대 방향을 향해 있고, 상보적이다. 그 결과 탄소와 산소는 생물과 환경 사이를 끊임없이 순환하면서 계속 생명을 지탱한다.

현미경으로 들여다보면, 많은 미생물도 같은 일을 한다는 것을 알게 된다. 조류도 광합성을 해서 유기 탄소와 산소를 만든다. 한편 균류, 원생동물, 조류는 모두 호흡을 함으로써 산소를 소비하고 탄소를 이산화탄소 형태로 환경으로 돌려보낸다. 그리고 몇몇 세균도 이 경로를 통해 탄소를 순환시킨다.

이산화탄소를 당으로 전환하려면 전자electron가 필요하다. 동식물은 물에서 그 전자를 추출하며, 그 과정에서 산소가 생긴다. 전자를 추출하려면 에너지가 많이 들지만, 환경에 산소가 풍부하다면 다른 방안은 없다. 그러나 빛은 있지만 산소가 없다면, 다른 전자의 원천도

그림 4-2 오늘날 지구에서 흔하게 볼 수 있는 산소가 없는 서식지. 사진은 카리브의 터
크스케이커스 제도에 있는 미생물 군집이다. 표면의 거무스름한 섬유 같은 층(위쪽 화
살표 위)은 사실 짙은 녹색을 띤 남세균들이며, 공기에 노출되어 있어서 산소가 풍부한
곳이다. 그 아래층(양 화살표 사이)에는 빛이 들어오긴 하지만, 산소는 들어오지 못한다.
이곳에는 자주색을 띤 광합성 세균이 우글거려서 약간 밝은색을 띤다. 이 세균은 황화
수소를 전자의 원천으로 삼으며, 산소 기체를 발생시키지 않는다. 이 층과 그 아래층에
서는 호기성 호흡을 할 수 없다. 대신에 일부 미생물은 황산이온 등을 이용하여 호흡을
하며, 유기분자를 발효시키는 종류도 있다.

이용할 수 있게 된다. 수소 기체, 썩은 달걀 냄새를 풍기는 황화수소, 용액 상태의 철 이온 등이 그렇다. 이런 조건에서는 다른 생물들이 광합성을 맡는다. 바로 세균이다. 이런 광합성 세균은 이런 전자 공여자들로부터 필요한 전자를 얻지만, 산소를 생산하지는 않는다. 이런 세균은 광합성을 맡은 색소 때문에 대개 자주색이나 짙은 녹색을 띤다. 물이 고인 연못에 이들이 불어나면 인상적인 광경이 펼쳐지기도 한다(〈그림 4-2〉).

광합성 세균이 산소를 생산하지 않으면서 이산화탄소를 당으로 고정시킬 수 있다면, 호흡할 때 산소를 쓰지 않으면서 탄소 순환을 완결 짓는 세포도 있지 않을까? 여기서도 세균의 다재다능한 대사 능력이 빛을 발한다. 당신과 나는 산소를 써서 유기분자를 분해하는 호흡을 하지만, 일부 세균은 황산이온$^{SO_4^{2-}}$이나 산화철$^{Fe^{3+}}$ 같은 화합물을 써서도 호흡할 수 있다. 즉 동물이 식물이 생산한 산소를 이용하는 호흡을 하여 유기분자를 다시 이산화탄소로 바꾸는 것처럼, 이런 세균은 광합성 세균이 황화수소, 용해된 철 같은 화합물에서 얻은 전자를 써서 생산한 분자를 무산소 호흡을 통해 분해한다. 이런 식으로 햇빛이 들지만 산소가 없는 환경에서 탄소 순환은 철 및 황의 순환과 연결된다. 그러니 지구의 유년기는 최초의 철기 시대였다고도 할 수 있다. 탄소 순환이 산소가 없는 강, 호수, 바다에서 철의 생물학적 순환과 긴밀하게 얽혀 있던 시대였다.

세균과 고세균(앞장에서 세균의 미생물 친척이라고 소개했다)은 또 다른 대사 묘기도 부린다. 화학 반응을 통해 얻은 에너지를 써서 탄소를 고정함으로써, 아예 햇빛을 이용할 필요가 없는 종류도 있다. 그리고 유기분자를 더 단순한 분자로 분해함으로써 얼마간 에너지를 얻는 종류도 있다. 이 과정을 발효라고 한다. 우리 몸도 발효를 이용할 수 있다. 운동을 심하게 하면 근육에 산소가 고갈되는데, 이때 세포는 발효를 이용하여 필요한 에너지를 얻는다. 운동을 심하게 할 때 느끼는 타는 듯한 감각은 이 발효 과정 때 산이 생기기 때문에 나타난다. 우리 몸은 일시적으로 에너지를 얻기 위해 유기분자를 발효시킬 수 있지만, 발효로는 살아갈 수가 없다. 사실 세균과 고세균 이외에 발효를 잘하는 생물은 거의 없지만, 효모는 다르다. 곡물을 맥주로 바꾸고 포도를 포도주로 바꾸는 화학적 마법을 부리는 발효의 제왕이라고 할 수 있다.

따라서 현재 살고 있는 미생물은 산소가 없는 행성에서 10억 년 동안 생명이 어떻게 존속할 수 있었는지를 보여준다. 원시 지구에서 다양한 세균과 고세균은 육지와 바다에 우글거리면서 탄소, 철, 황 같은 원소들을 순환시켰다. 조류, 원생동물, 균류, 식물, 동물 같은 더 복잡한 생물들은 대사에 산소가 필요하므로, 진화적 날개를 펴려면 산소가 지표면의 항구적인 구성요소가 될 때까지 더 기다려야 했다.

그렇다면 우리 행성은 왜 24억 년에 그토록 심오한 변화를 일으킨 것일까? 지질학자들은 산소가 언제 쌓이기 시작했는지를 놓고서는 의견이 일치하지만, 그 일이 어떻게 일어났는지를 놓고서는 의견이 갈린다. 내가 그 퍼즐의 핵심 조각이라고 보는 것들을 요약해보자. 다른 이들은 다르게 볼 수도 있다.

적어도 두 가지 점에서는 학자들 사이에 의견이 일치한다. 첫째, 우리가 숨 쉬는 공기에 든 산소가 생명 활동을 통해 나온다는 것이다. 지구 대기에 산소를 불어넣을 수 있는 과정은 오로지 산소를 생성하는 광합성뿐이다. 광합성은 물에서 전자를 추출하는데, 이때 부산물로 산소가 나온다. 지구 대산소화 사건 Great Oxygenation Event, GOE 은 대변혁이었고, 이 혁명을 일으킨 주인공은 바로 남세균이었다. 남세균은 산소성 광합성을 할 수 있는 유일한 세균이다. 이 점을 생각하면, 가능성 있는 단순한 해답이 저절로 떠오르게 된다. 남세균이 진화함으로써 GOE가 일어났다는 것이다. 아주 단순해 보이지만, 이 두 사건 중 한쪽은 지질학적인 것이고 다른 한쪽은 생태적인 것이기에 이야기는 사실상 더 복잡하다.

24억 년 전보다 더 이전의 퇴적암에는 많은 이들이 전반적으로 산소가 없는 행성에서 일시적으로 산소가 생산되었다는 증거라고 해석하는 화학적 흔적이 남아 있다. 동일한 화학적 흔적은 24억 년 전에 환경에 영구적인 변화가 일어났다는 것도 기록하고 있는데, 그중 일부는 그보다 더 앞서 산소가 국지적으로, 제한적으로 잠시 쌓이곤 했음을 시사한다. 이런 해석을 반박하는 이들도 있지만, 이런 "일시적인 산소 바람"이 불곤 했다는 증거는 많으며 계속 늘어나고 있다. 그리고 그중 하나라도 올바로 해석한 것이라면, 산소성 광합성은 GOE보다 수억 년 이전에 기원한 것이 분명해진다. 분자생물학에서 나온 추론도 산소를 생성하는 남세균이 햇빛이 드는 생태계의 주류가 되기 오래전에 기원했다고 시사한다.

생태학도 지질 자료를 설명하는 데 도움이 된다. 앞서 말했듯이, 오늘날 햇빛이 들면서 용해된 철, 황화수소 등 전자의 다른 원천들이 존재하는 환경에서는 사실 남세균이 잘 살지 못한다. 이는 초기 바다에서 남세균이 다른 광합성 세균들보다 경쟁에 불리했음을 시사한다. 그렇다면 남세균은 오랫동안 다른 광합성 미생물이 유리했던 환경에서 어떻게 주류로 떠오를 수 있었을까? 이 답을 찾으려면, 생물학을 벗어나서 지구 자체를 생각해볼 필요가 있다.

그리고 이는 지질학자들의 의견이 일치하는 두 번째 사항과 연결된다. 남세균의 광합성이 존재하는 것만으로는 지구적인 변화를 일으키기가 부족하다는 것이다. 대기와 바다의 산소는 남세균의 산소 생산량이 물리적 및 생물학적 과정을 통한 산소 소비량을 넘어서야만 쌓일 수 있을 것이다.

남세균이 기원한 지 오랜 세월이 흐른 뒤에야 산소가 대기와 대양의 표면에 영구히 쌓이기 시작한 이유를 설명할 수 있는 방법은 두 가지다. 초기 바다에 들어 있던 환원 상태의 기체와 이온 때문에 남세균보다 다른 광합성 세균이 살기에 더 적합했을 수도 있다. 그리고 광합성량이 전반적으로 아주 낮아서 초기 남세균이 산소를 생산해도 화산 가스와 풍화하는 광물을 통해 다 소비되었을 수도 있다. 나는 양쪽 다 맞다고 본다.

현재 광합성량을 제약하는 요인은 대체로 햇빛, 이산화탄소, 물이 아니라, 영양소의 이용도다. 특히 DNA의 성분인 인^{P}과 DNA 및 단백질에 필요한 성분인 질소가 그렇다. 일부 세균과 고세균은 질소 기체를 생물들이 이용할 수 있는 분자로 바꿀 수 있으며, 번개도 그럴 수 있다(양은 적지만). 따라서 초기 생물권을 이해하려면 인에 초점을 맞출 필요가 있다. 인은 암석이 자연력에 풍화될 때 흘러나와서 강물에 실려서 바다로 들어간다. 광합성 생물은 이 인을 흡수하여 생명 분자를 만드는 데 쓴다. 다른 생물들은 먹이를 통해서 인을 흡수하고, 그 인은 먹이 사슬을 통해 차례로 다른 생물들에게 전달된다. 그러다가 이윽고 많은 인은 해수면에서부터 서서히 비처럼 아래로 가라앉는 유기물 알갱이에 담겨서 해저로 가라앉는다. 퇴적물 속에서 살아가는 세균은 이 인 중 상당수를 흡수하고, 심해 해류는 그 인을 수면 쪽으로 돌려보내어 광합성에 쓸 수 있도록 한다.

원시 대양에는 대륙에서 흘러들어오는 인의 양이 적었다. 해수면 위로 솟아 있는 암석의 양이 적었기 때문이다. 게다가 대양의 물 순환도 효율적이지 못해서, 심해 용승류를 통해 수면으로 돌아오는 인의 양도 적었을 것이다. 우리를 비롯한 많은 연구자들은 화학의 기초 원리를 써서 원시 대양에서 광합성 미생물이 얼마나 많은 인을 이용할 수 있었는지를 추정했는데, "그리 많지 않다"라고 나왔다. 사실 영양소 가용성은 남세균이든 다른 세균이든 간에 초기 생명에 강력한 제약을 가했을 것이다. 생물의 광합성을 억제함으로써 초기 생명이 지구 전체를 변모시킬 영향을 끼치지 못하게 했을 것이다.

지구가 성숙함에 따라서, 크고 안정적인 대륙들이 수면 위로 올라오면서 침식되어서 바다로 유입되는 인의 양도 늘어났다. 이윽고 다른 전자 공여자들을 이용할 수 있는 수준을 넘어서 인이 충분히 공급됨에 따라서, 남세균은 생태적으로 중요한 위치에 올라섰다. 그러자 이윽고 남세균은 세계를 변모시켰다. 남세균이 생산하는 산소는 햇빛이 드는 물에서 다른 전자의 원천들을 다 제거함으로써, 생물권을 산소성 광합성과 산소가 풍부한 공기 쪽으로 영구히 돌려놓았다. 게다가 퇴적물이 남세균이 생산한 유기물을 뒤덮어서 호흡을 통해 분해되는 것을 차단하면서, 지구의 산소 축적 엔진은 본궤도에 올랐다. 상황은 이제 돌이킬 수 없었다.

이 견해에 따르면, 대산소화 사건은 단순히 지구의 물리적 발달의 산물이 아니었다. 진화적 혁신만을 반영한 것도 아니었다. 지표면을 변모시킨 것은 지구와 생명의 상호작용이었다.

GOE와 그 이후에 산소가 얼마나 많이 축적되었을까? 그리고 어떤 결과가 빚어졌을까? 고대의 산소 농도를 정량적으로 파악하는 일은 쉽지 않지만, 몇몇 관측 자료는 이번에도 "그리 많지 않다"라고 시사한다. 퇴적암을 화학적으로 분석하니, GOE 이후로 거의 20억 년 동안 세계의 대양이 지금의 흑해와 비슷했다는 결과가 나왔다. 즉 수면에는 산소가 있지만, 더 깊은 곳에는 산소가 없었음을 시사했다. GOE 때 산소가 확연히 증가했음을 시사하는 자료가 있긴 하지만, 약 18억 년 전에 대기와 표층수의 산소 농도는 지금의 약 1퍼센트 수준으로 유지되고 있었다. 아메바가 살아가기에는 충분하지만, 딱정벌레가 살아가기에는 부족한 수준이었다. (약 19억 년 전에 다시금 철광층이 전 세계에 잠시 형성되었다. 이는 맨틀에서 대양으로 열수가 한꺼번에 왈칵 쏟아졌음을 시사할 수도 있다. 미네소타주의 메사비산맥에서 채굴되는 철광석은 이 사건의 산물이다.)

그러나 산소는 낮은 농도에서도 생명에 새로운 가능성을 제공했다. 남세균의 활동에 힘입어서 생태계는 더 생산적이고 더 활발한 양상을 띠었다(산소를 이용하는 호흡이 무산소 호흡이나 발효보다 에너지를 더 많이 생산한다). 그리고 산소 기체가 존재하는 이 멋진 신세계로 산소통에 연결된 마스크를 쓰고 현미경을 들고서 돌아갈 수 있다면, 예전에 없던 것이 있음을 알아차릴 것이다. 생명의 역사가 절반쯤 지난 이 무렵에 새로운 유형의 세포가 출현했으니까.

진핵생물은 DNA가 세포핵 안에 따로 들어가 있는 생물이다. 우리는 진핵생물이며, 소나무와 바닷말과 버섯도, 아메바에서 돌말에 이르는 단세포 생물들도 진핵생물이다. 아마 1,000만여 종은 될 듯하다. 진핵생물을 정의하는 특징은 세포핵이지만, 진핵생물의 세포에는 역사와 생태를 알려주는 다른 특징들도 있다. 특히 중요한 점은 세균과 달리 진핵생물이 분자 뼈대와 막으로 이루어진 역동적인 내부 체계를 지닌다는 것이다. 덕분에 진핵세포는 크게 자라고 다양한 모양을 취할 수 있다. 또 진핵생물은 대체로 세균에게는 불가능한 방식으로 살아갈 수 있다. 특히 다른 세포도 포함하여 작은 먹이 알갱이를 삼킬 수 있다. 따라서 포식을 통해서 진핵세포는 생태계에 새로운 복잡성을 도입한 셈이었다. 그리고 다음 장에서 살펴보겠지만, 세포 사이의 새로운 의사소통 방식은 복잡한 다세포 생물로 이어질 길을 열었다.

진핵세포의 호흡과 광합성은 세포소기관이라는 내부 구조물 안에서 각각 따로 이루어진다. 호흡은 미토콘드리아, 광합성은 엽록체에서 일어난다. 이런 세포소기관들은 세균의 세포와 좀 비슷해 보인다. 예를 들어, 엽록체는 남세균의 것과 매우 비슷한 내부 막 구조를 지닌다. 100여 년 전에 러시아 식물학자 콘스탄틴 메레시코프스키 Konstantin Mereschkowski 는 이 유사성이 결코 우연의 일치가 아니라고 주장했다.

그는 산호동물의 조직 안에 조류가 살고 있다는 앞서 이루어진 발견을 염두에 두고서, 엽록체가 원래 자유 생활을 하던 남세균에서 유래했다고 주장했다. 원생동물이 삼켰는데, 소화되어 사라지는 대신에 대사를 떠맡는 노예 신세가 되었다는 것이다. 메레시코프스키의 개념은 조롱을 받다가 그냥 잊히고 말았다. 과학에서 흔한 일이다. 그러나 결국 그가 옳다는 것이 드러났다. 분자생물학의 시대가 오자, 새로운 도구를 써서 그의 가설을 재검토할 수 있게 되었다. 엽록체에는 DNA가 조금 들어 있는데, 그 안에 있는 유전자의 분자 서열을 분석하니 생명의 나무Tree of Life에서 남세균에 속한다는 사실이 명확히 드러났다. 후속 연구들은 미토콘드리아도 세균에서 기원했음을 보여주었다. 진핵세포 자체가 오래전 호기성 호흡을 할 수 있는 세균과 고세균의 협력 관계로부터 출현했을 가능성을 보여주는 증거도 점점 늘고 있다. 사실 과학자들은 진핵생물의 세포 내부 구조를 만드는 분자와 비슷한 분자를 지닌 고세균을 최근에 발견했다. 우리는 진화적 키메라이며, 식물은 남세균의 힘을 세포 내부에서 광합성을 하는 쪽으로 끌어들여서 협력자를 하나 더 확보했다.

이 생물학적 이야기를 당시 환경에 놓고서 살펴보자. 진핵생물은 대부분 산소 호흡을 하며, 산소 호흡을 하지 않는 종류는 산소 호흡을 한 조상으로부터 진화했다. 게다가 산소가 없는 곳에 사는 진핵생물도 거의 다 산소를 이용할 수 있는 곳에서만 생기는 생명 분자를 필요로 한다. 이들은 산소가 풍부한 서식지에서 나온 먹이를 먹음으로써 필요한 분자를 얻는다. 따라서 진핵생물은 한 가지 중요한 측면에서 GOE의 자식인 셈이다.

이 견해에 들어맞는 증거 중 하나는 퇴적암에서 18억 년 전~16억 년 전의 진핵세포 화석이 나온다는 것이다. 호주, 중국 그리고 미국 몬태나주와 시베리아의 이 시대 암석에는 모두 오늘날 진핵생물에서만 볼 수 있는 구조적 및 형태적 복잡성을 지닌 세포벽을 갖춘 다양한 미화석들이 들어 있다.

그중에는 길게 뻗은 팔 같은 구조를 지닌 것도 있다. 아마 오늘날의 곰팡이와 비슷하게 용해된 유기분자를 흡수하는 데 쓰인 듯하다(〈그림 4-3〉). 두꺼운 판 같은 벽을 지닌 종류도 있다. 이런 두꺼운 세포벽은 환경이 성장하기에 좋지 않을 때 휴면 상태로 지내는 데 썼을 수도 있다(〈그림 4-4〉). 맨눈으로 보일 만큼 세포들이 층층이 배열되어서 단순한 수준의 다세포성을 이룬 종류도 일부 있다(〈그림 4-5〉). 새로운 생물학적 혁명이 일어나는 중이었다. 그러나 진핵생물이 출현했다고 해서 생명이 시작된 이래로 지구를 지배했던 세균과 고세균

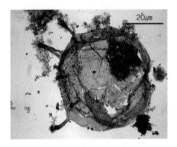

그림 4-3 초기 진핵생물의 화석. *μm*은 마이크로미터라고 하며 0.001mm를 나타낸다.

그림 4-4 호주 북부의 14억~15억 년 된 암석에서 나온, 유기분자를 흡수하는 용도로 썼을 법한 팔 같은 돌기를 지닌 단세포 생물.

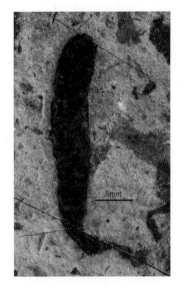

그림 4-5 호주의 14억~15억 년 된 암석에서 나온 두꺼운 판 같은 세포벽을 지닌 세포. 안 좋은 환경이나 다른 생물로부터 몸을 보호하는 역할을 했을 것이다. 단순한 다세포 구조를 지닌 가장 오래된 생물 중 하나가 중국의 약 16억 년 된 암석에서 발견되기도 하였다.

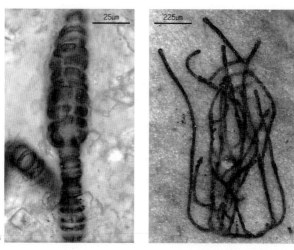

4-6   4-7

그림 4-6, 7 화석은 동물이 출현하기 전에 다양한 진핵생물이 번성했음을 보여준다. 사진은 북극권 캐나다와 중국의 10억 년 된 암석에 보존된 가장 오래된 홍조(⟨그림 4-6⟩)와 녹조(⟨그림 4-7⟩)이다.

을 대체한 것은 아니라는 점을 명심하자. 진핵생물은 여전히 미생물의 대사에 의존하고 있던 미생물 생태계에 끼워진 것이다. 지금도 생물권에는 동물 1톤당 세균과 고세균이 30톤의 비율로 존재한다.

　그 뒤로 10억 년 동안 형성된 화석들을 계속 조사하면, 진핵생물이 점점 더 다양해져 왔다는 것이 드러난다. 원생동물과 남세균의 협력 관계에서 나온 후손임이 분명한 조류, 꽃병 모양의 단단한 세포벽

또는 비늘 갑옷으로 포식자를 막는 세포, 점점 많아지는 단순한 다세
포 구조 등이 그렇다(〈그림 4-6, 7〉).

산소가 적고 (주로) 미생물이 살던 이 세계는 기나긴 세월 동안
지속되었지만, 원생대 말 대양에서는 단순한 다세포 생물 중에서 새
로운 혁명이 싹트고 있었다. 전 세계가 빙하기를 겪은 뒤에 쌓인 원
생대의 가장 마지막 암석에서는 크고 복잡한 생물이 출현했다. 생명
이 출현한 지 30억여 년 뒤에 마침내 동물의 시대가 시작되었다.

5

동물 지구

생물이 커지다

화창한 오후에 미스테이큰포인트Mistaken Point를 들르는 고생물 학자는 행복하다. 캐나다 뉴펀들랜드섬 남동부의 바위 해안에 있는 유네스코 세계 유산인 미스테이큰포인트는 늘 안개에 감싸여 있거나 세찬 비에 잠겨 있다. 그러나 아주 드물게 맑은 날 오후 늦게 도착한 다면, 낮은 각도로 뻗는 햇살에 고대 암반의 표면 특징이 선명한 부 조처럼 드러난다. 결코 잊지 못할 광경이다.

미스테이큰포인트의 절벽은 약 5억 6,500만 년 전 깊은 해저에 층층이 깔렸던 진흙 퇴적물과 화산재로 이루어져 있다. 이곳이 특별 한 이유는 세 가지 놀라운 특징들이 조합되어 있어서다. 첫째, 계단식 해안 절벽에는 고대의 퇴적층이 드넓게 펼쳐져 있다. 빠르게 묻히는 바람에 퇴적물이 고스란히 보존되어서, 오늘날 우리는 사실상 고대 의 해저를 걷는 셈이다. 두 번째로 특별한 점은 화산재가 많이 섞여 있다는 것이다. 덕분에 각 지층의 연대를 측정하는 데 유리하다. 세 번째이자, 가장 독특한 점은 각 층리면에 가득한 것들이었다. 자세히 들여다보면, 매우 기괴해 보이는 생명체들이 화산재에 뒤덮이면서 살던 모습 그대로 굳는 바람에, 경이로운 화석들이 수백 마리씩 모여 있는 것을 알 수 있다. 고생물학판 폼페이다(〈그림 5-1〉). 고사리 잎처럼 보이는 것도 있고, 부채처럼 보이는 것도 있다. 공작의 꼬리 깃털과 좀 비슷한 길고 가는 것도 간혹 보인다. 불룩한 부착기로 퇴적물에 달라붙은 채 위로 뻗어 올라와서 해류에 흔들거리는 종류도 많았

그림 5-1 뉴펀들랜드섬 미스테이큰포인트의 5억 6,500만 년 전 퇴적암에 들어 있는 초기 동물의 화석. 아래의 자는 한 칸이 1센티미터다.

다. 퇴적층 표면을 따라 뻗어간 것도 있었다. 그러나 길이와 폭이 어떻든 간에, 이 생물들은 모두 굵기가 몇 밀리미터에 불과했고, 대부분 어린 시절 내가 야영을 갈 때 가져가던 에어매트리스의 연결된 튜브와 좀 비슷하게 누벼서 꿰맨 듯한 구조를 갖고 있었다. 아마 놀랍겠지만, 대다수의 과학자는 이것들이 가장 오래된 동물 화석이라고 본다. 지표면 전체에서 다양해지고 있던 집단의 모습을 얼핏 보여주는 최초의 고생물학적 흔적이라는 것이다.

미스테이큰포인트 화석의 생물학과 진화적 관계를 이해하려면, 먼저 첫 번째 원리에서 출발할 필요가 있다. 무엇이 보존되어 있는지, 그리고 무엇이 보존되어 있지 않은지에 주의를 기울이라는 것이다. 이런 기이한 생물들이 어떻게 탄소와 에너지를 얻었는지부터 살펴보자. 그들은 어떻게 삶을 영위했을까? 언뜻 볼 때 바닷말처럼 생긴 것도 있으므로, 광합성을 했을 수도 있지 않을까? 그렇지 않다. 미스테이큰포인트 생물은 해수면에서 수백 미터 들어간 깊은 곳에 살았다. 햇빛이 들어오지 못하는 깊은 곳이었다. 오늘날 일부 심해 동물은 화학 에너지로 탄소를 고정할 수 있는 공생 세균의 힘을 이용하여 살아간다. 그러나 그들은 이 방법도 쓰지 않았을 것이다. 그런 세균과 긴밀하게 협력하여 살아가는 동물은 산소가 있는 물과 산소가 없는 물의 경계에서 번성하기 때문이다. 미스테이큰포인트 암석의 화학적 증거는 이런 생물이 안정적이면서 비교적 산소가 부족한 환경에서 살았음을 시사한다.

남은 문제는 종속영양이다. 다른 종이 합성한 유기분자를 먹어서 탄소와 에너지를 얻는 방식을 말한다. 우리는 종속영양생물이며, 상어, 게, 오징어도 그렇다. 그러나 이 목록을 나열하다 보면 미스테이큰포인트 화석들에 몇 가지 특징이 안 보인다는 사실을 깨닫게 된다. 그 화석들은 입이 없으며, 돌아다니거나 먹이를 잡는 데 쓸 팔다리도 없다. 잘 발달한 소화계도 없었던 듯하며, 바닥이나 그 위에서 활발하게 움직인 종류도 거의 없어 보인다. 그런데 어떻게 무언가를 먹을 수 있었다는 것일까?

비교하려면 현재 살고 있는 동물(우리가 숲, 동물원, 자연 다큐멘터리에서 흔히 만나는 종들은 아니지만)에게로 돌아갈 필요가 있다. 내가 소개할 동물은 털납작벌레*Trichoplax adhaerens*다. 판형동물문이라는 모호한 분류군에 속한 유일하게 공식적으로 기재된 종이다(〈그림 5-2〉). 세계에서 가장 작으면서(몸길이가 몇 밀리미터) 가장 단순한 이 동물은 몸이 상피조직이라는 두 세포판이 위아래로 겹쳐 있고 그 사이에 체액과 몇 개의 섬유질 세포가 들어 있는 형태다. 입, 팔다리, 허파, 아가미, 콩팥, 소화계도 없다. 털납작벌레의 표면을 이루는 세포들은 원생동물이 먹이를 먹는 것과 거의 흡사한 방식으로 먹이 알갱이를 삼킬 수 있고, 또 주변의 물이나 침전물에 있는 유기분자를 흡수할 수 있다. 필요한 산소는 확산을 통해 몸에 들어오며, 그래서 몸이 얇을 수밖에 없다.

이렇게 요약하니 털납작벌레가 크기만 다를 뿐 미스테이큰포인트 화석과 거의 다를 바 없는 양 들린다. 2010년에 당시 대학원생이었던 에릭 스펄링 Erik Sperling 과 제이콥 빈터 Jakob Vinther 는 현생 판형동물이 미스테이큰포인트를 비롯한 지역들에 있는 화석들이 보여주는 다양한 동물들의 유일한 생존자일 수도 있다는 주장을 내놓았는데, 나는 그 견해를 받아들인다.

〈그림 5-3〉은 동물의 계통수—가계도—를 요약한 것이다. 이 계통수는 동물들의 마지막 공통 조상이 두 계통으로 갈라졌다고 시사한다. 한쪽은 해면동물이고, 다른 한쪽은 나머지 모든 동물들이다. 미스테이큰포인트의 몇몇 화석은 해면동물과 유연관계가 있음을 시사하지만, 그들은 생태학적으로 볼 때 그 지역 생태계에서 그다지 눈에 띄지 않는 존재였다. 이 계통수의 "나머지 모두"가 속한 가지를 따라 올라가면, 판형동물이 갈라지는 지점이 나오고, 이어서 자포동물

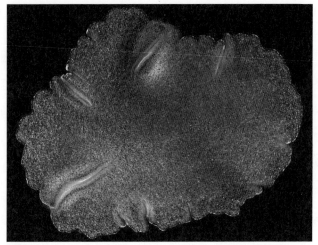

5-2

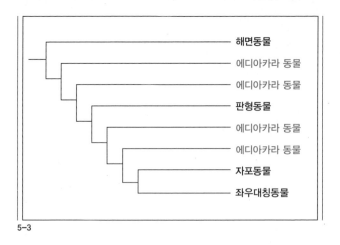

5-3

그림 5-2, 3 털납작벌레와 이 동물이 에디아카라 동물들 및 현생 동물들과 어떤 진화 관계에 있는지를 추정한 계통수.

(말미잘, 산호, 해파리)과 좌우대칭동물(곤충, 달팽이, 우리 등 머리와 꼬리, 위와 아래, 오른쪽과 왼쪽이 있는 나머지 모든 동물)이 갈라진다. 이 계통수는 갈라지는 지점이 나무의 밑동에 더 가까이 놓일수록 더 먼저 생겼음을 의미한다. 뉴펀들랜드 화석과 판형동물의 비교를 염두에 두자면, 이는 미스테이큰포인트의 그 독특한 화석들—데본기 화석이라기보다는 달리의 그림에 더 가까워 보이는—이 해면동물이 갈라져 나간 이후에, 그렇지만 현재의 대양에서 흔히 보는 더 복잡하고 다양한 자포동물과 좌우대칭동물이 나타나기 이전에, 해부학적으로 단순한 동물들이 분화했음을 보여주는 초기 사례임을 시사한다.

　　미스테이큰포인트 화석은 에디아카라기 화석 또는 그냥 에디아카라 동물이라고 한다. 에디아카라기Ediacaran Period에 살았기 때문이다. 에디아카라기는 2004년에야 국제 지질 연대표에 새로 추가된 시대다. 에디아카라기의 앞뒤에는 대단히 중요한 두 사건이 일어났고, 에디아카라기로부터 100만여 년 뒤에 현생누대가 이어진다. 에디아카라기가 시작되기 약 8,000만 년 전부터 지구는 두 차례 극지에서 적도에 이르기까지 빙하로 뒤덮인 "눈덩이 지구Snowball Earth" 상태가 되었다. 이 극심한 빙하기는 생물에 심각한 영향을 미쳤을 가능성이 높으며, 사실 빙하로 뒤덮이기 전 해저에 쌓여서 화석이 된 많은 조류와 원생동물은 빙하기가 끝난 뒤에 형성된 암석에는 나타나지 않는다. 그러나 에디아카라 동물(그리고 모든 현생 동물)의 조상들을 비롯하여 살아남은 계통도 틀림없이 많았다. 지구는 어떻게 이렇게 꽁꽁 얼어붙게 된 것일까? 그리고 마찬가지로 중요한 질문인데, 대체 어떻게 다시 녹았을까?

지질학자들과 기후 모형 연구자들은 후기 원생대 빙하기의 원인을 놓고 계속 논쟁을 벌이고 있지만, 암석에 기록된 이 극단적인 기후 사건에 탄소 순환이 결정적인 역할을 했을 것이라는 데에는 의견이 일치한다. 꽤 설득력 있는 눈덩이 형성 가설 중 하나는 저위도의 대륙들에서 화산암이 대규모로 쏟아져 나온 것이 원인이라고 본다. 화산암은 풍화할 때 이산화탄소를 대량으로 소비하며, 적도 쪽은 기온이 높아서 풍화와 침식이 더 빨리 진행되었을 것이다. 따라서 지구조 사건으로 온실가스인 이산화탄소 농도가 줄어들어서 지구 전체의 온도가 내려가면서 빙하 작용이 촉발되었다는 것이다. 1969년 러시아 기후학자 미하일 부디코Mikhail Budyko는 빙하가 극지에서 적도로 뻗어 나갈 때 더 많은 태양 복사선이 얼음에 반사되어 다시 우주로 돌아가면서 지구가 더욱 차가워졌을 것이라고 주장했다. 차가워지니 빙원은 더욱 늘어났고, 그 결과 반사되어 우주로 돌아가는 햇빛도 더욱 많아졌다. 이 고삐 풀린 빙하 작용으로, 시간이 흐르자 지구 전체가 빙하로 덮였다는 것이다. 부디코는 이런 일이 수학적으로는 가능하지만 실제로는 결코 일어나지 않았을 것이라고 주장했다. 일단 지구가 눈덩이 상태가 되면, 결코 빠져나올 수 없을 것이라고 추론했기 때문이다. 지질학적 증거는 에디아카라기 직전에 지구 전체가 하얗게 변했다고 시사한다. 극지에서 적도에 이르기까지 모든 대륙이 두꺼운 빙원에 뒤덮였고, 대양도 얼음으로 뒤덮였다. 남극대륙의 풍경이 카리브해까지 뒤덮었다고 생각해보라. 그러나 우리는 지구가 이 얼음의 손아귀에서 벗어났음을 보여주는 살아 있는 증거다.

　암석 증거는 수백만 년 뒤 얼음이 빠르게 사라지면서, 빙하는 극지방과 산꼭대기로 물러났다가 이윽고 사라졌다고 말한다. 이 거대한 빙원을 무너뜨린 것이 정확히 무엇이었을까? 여기서 다시 우리는 탄소 순환으로 돌아간다. 얼음이 지구 전체를 뒤덮을 때, 대기에서 이산화탄소를 제거하는 과정들—주로 대륙 풍화와 광합성—은 미미한 수준으로 줄어든 반면, 대기에 이산화탄소를 추가하는 과정들—주로 화산 활동—은 계속되었다. 대기 이산화탄소는 계속 늘어났고, 이윽고 온실 효과로 얼음이 녹기 시작하는 임계점에 다다랐다. 이 빙하기가 끝나면서 시작된 것이 에디아카라기다.

미스테이크포인트는 에디아카라 동물의 화석이 나오는 가장 오래된 암석이 있는 곳 중 하나이지만, 에디아카라기라는 이름의 연원이 된 에디아카라힐스가 있는 호주, 러시아, 중국, 캐나다 북서부, 미국 캘리포니아주 일대, 아프리카 등 전 세계 수십 곳에서 뉴펀들랜드 화석 동물들과 대체로 비슷한 동물들의 화석이 발견된다. 즉 에디아카라기 말 대양에 이런 동물들이 널리 번성하고 있었음을 말해준다. 납작한 달걀 모양의 디킨소니아*Dickinsonia*는 5억 6,000만 년 전~5억 5,000만 년 전 해저에 붙어 있었다(〈그림 5-4〉). 미스테이크포인트 화석들과 뚜렷이 다른 화석들도 있긴 하지만, 전반적인 양상은 동일하다. 아마도 액체로 채워져 있었을 관들이 서로 달라붙어 있는 형태의 이 단순한 생물들은 포획과 흡수를 통해 먹이 알갱이를 먹고 확산을 통해 산소를 흡수했을 것이다. 흥미롭게도 러시아 백해 지역에서 발견된 몇몇 특별한 표본에는 디킨소니아가 동물계에서 어느 위치에 있는지를 확인시켜줄 분자가 보존되어 있다.

그리고 아르보레아*Arborea*도 있다. 더 나중에 생긴 에디아카라 사암에 흔한 고사리 잎처럼 생긴 화석이다(〈그림 5-5〉). 아르보레아는 얕은 해저에 원형의 부착기로 붙은 채 깃가지처럼 양쪽으로 납작하게 펼쳐진 원통형 줄기를 세우고 있었다. 입, 아가미, 소화계, 팔다리도 전혀 없으므로, 먹이와 산소를 얻는 방식이 아마 디킨소니아나 미스테이큰포인트 동물들과 비슷했을 것이다. 그러나 아르보레아는 다른 점이 하나 있었다. 옥스퍼드 대학교의 프랭키 던[Frankie Dunn] 연구진이 꼼꼼히 조사하니 깃가지의 볼록볼록한 것들이 얇은 관에 연결되어 있었고, 이 관은 줄기를 따라 밑동까지 이어져 있었다.

이 화석이 이런 식으로 전반적으로 모듈형 구조를 지닌다는 점을 생각하면, 아르보레아는 한 개체가 아니라 군체일 수도 있다. 그렇다고 해도 놀랄 필요는 없다. 잘 발달한 기관을 갖춘 좌우대칭동물이 진화하기 전에는 군체 형성이 동물의 복잡성을 생성하는 자연의 주된 방법이었을 것이다. 현재 촉수를 길게 늘어뜨린 채 먼 바다를 떠다니면서 부주의하게 다가오는 동물을 작살로 쏘아 잡는 고깔해파리를 예로 들어보자. 고깔해파리는 해파리처럼 생겼지만, 사실은 여러 개체로 이루어진 군체다. 각 개체는 군체가 유지될 수 있도록 저마다 특수한 기능을 맡고 있다. 수면 위로 고깔처럼 보이는 것은 한 개체다. 그 밑으로 관처럼 죽 늘어져 있는 구조들은 여러 개체들이 모인 것이며, 개체마다 섭식, 번식, 방어를 전담한다. 아르보레아는 이 방향으로 이루어진 초기 진화 실험의 사례일 수도 있다.

그러나 후기 에디아카라의 모든 화석이 이 틀에 들어맞는 것은 아니다. 킴베렐라*Kimberella*는 처음에 호주에서 발견되었지만, 백해의 암석에서 아름답게 보존된 표본이 1,000점 넘게 발견된 작은 화석이다(〈그림 5-7〉). 길이가 몇 센티미터인 이 동물은 앞뒤, 위아래, 좌우가 있어서, 동물 계통수에서 좌우대칭동물이라는 큰 가지에 소속된다. 이 화석에서는 근육질 발과 내장 및 조금 장식이 있는 듯한 피부가 있었다는 증거를 찾아냈다. 고대의 발자국 화석을 보면, 킴베렐라가 해저를 돌아다녔고, 입 주위에서 방사상으로 뻗어 나간 긁은 자국은 오늘날 고둥의 치설처럼 그들이 해저 바닥에서 조류와 미생물을 긁어먹을 수 있는 단단한 빗 같은 구조물이 입에 있었음을 말해준다. 이 시대의 다른 사암에 나 있는 발자국과 지나간 흔적 화석은 비록 해저 바닥 위나 속에서 움직였다는 흔적만 남아 있긴 하지만, 다른 단순한 좌우대칭 동물들도 있었음을 말해준다(〈그림 5-8〉).

에디아카라기가 저물 때까지 혁신은 계속 이어졌다. 탄산칼슘으로 만들어진 관은 나미비아의 5억 4,100만~5억 4,700만 년 된 석회암에서 처음 발견되었지만, 그 뒤로 전 세계에서 발견되었다. 이

그림 5-4~8 에디아카라 암석의 동물과 발자국 화석. 디킨소니아(〈그림 5-4〉), 아르보레아(〈그림 5-5〉), 최초의 광물질 동물 뼈대(〈그림 5-6〉), 킴베렐라(〈그림 5-7〉), 다리를 지닌 초기 좌우대칭동물의 발자국(〈그림 5-8〉).

5-4

5-5

5-6

5-7

5-8

는 그 시기에 동물에게 광물로 된 뼈대가 생겨났음을 가리킨다(〈그림 5-6〉). 그런 갑옷은 만들려면 에너지가 들지만, 포식자가 늘어날 때에는 더할 나위 없이 중요한 생존에 기여하므로 지출한 이상으로 보상을 받는다. 그 시기가 끝날 무렵, 에디아카라의 별난 동물들은 어느 정도 다양해졌지만, 우리 세계에 친숙한 동물들은 아직 나오지 않고 있었다.

동물들이 분화하면서 에디아카라 바다로 퍼져나갈 때, 그들의 세계도 변화하면서 현재 생물권의 토대가 형성되고 있었다. 원생대의 대부분에 걸쳐서 대기와 표층수의 산소 농도가 낮았다고 말한 바 있다. 현재 농도의 약 1퍼센트에 불과했을 것이다. 그와 비슷한 수준으로 산소가 적은 환경은 오늘날 대양의 몇몇 구석에서 찾아볼 수 있다. 그런 곳에도 동물이 살지만, 화석 기록으로 남을 가능성이 적은 아주 작은(길이가 수백 마이크로미터에 폭이 수십 마이크로미터) 종이 대부분이다. 크고 다양하고 활동적인 동물—곧 우리 이야기의 중심 무대에 오를 육식동물을 포함한—은 산소 농도가 더 높아야만 출현한다. 따라서 거시동물의 화석은 에디아카라기 때 지구가 심오한 환경 변화를 거쳤으며(말 그대로!) 전 세계 연구실 수십 곳에서 이루어진 수천 번의 화학적 분석 결과들도 이 시기에 지구가 오늘날 우리가 사

는 산소가 풍부한 행성으로 변화하기 시작했다는 독자적인 증거를
제공한다.

동물이 커지고 산소가 풍부해져 갈 때, 지구의 광합성 생물상에
도 변화가 일어나고 있었다. 화석과 보존된 지질 모두 30억 년 넘게
주로 세균이 맡던 광합성을 조류가 대신하면서 생태학적 주역으로
떠오르고 있었음을 시사한다. 동물, 조류, 공기의 이 조화로운 전이를
어떻게 설명해야 할까?

에디아카라기에 대규모로 산맥이 형성되면서, 바다로 흘러드는
영양소가 더 늘어났다고 믿을 만한 근거가 있다. 지금의 바다에서도
남세균은 영양소가 적은 곳에서 플랑크톤의 중요한 부분을 차지하고
있지만, 영양소 농도가 더 높은 곳에서는 진핵생물인 조류가 주류를
차지하는 경향이 있다. 우리가 오늘날 주변에서 보는 양상은 에디아
카라기에 무슨 일이 일어났는지를 시사한다. 영양소가 더 많아짐에
따라서, 조류가 다양하게 분화하면서 광합성을 더 많이 했을 것이다.
광합성이 늘어나고, 먹이와 산소가 더 많아짐에 따라서, 생명이 시작
된 지 30억여 년이 지난 뒤에 세계는 크고 활발한 동물을 지탱할 수
있게 되었다.

에디아카라기는 얼음에서 시작되어 진화로 끝났다고 할 수 있다. 그 증거를 보려면 캐나다 뉴펀들랜드주에서 서쪽으로 약 4,500킬로미터 떨어진 브리티시컬럼비아주의 필드라는 소도시로 가야 한다. 캐나다가 세계에 자랑하는 보물인 루이스 호수 바로 서쪽에 있다. 이곳의 골짜기 바닥에서 높이 올라간 산비탈에서 고생물학자들은 작은 채석장에서 납작한 검은 셰일들을 조심스럽게 캐낸다. 캐다 보면 석판 표면에 해부 구조가 놀라울 만치 상세히 보존된 동물(때로 몇몇 조류)의 짓눌린 화석이 드러나면서 노고의 보상을 얻곤 한다. 버제스 셰일Burgess Shale이라는 이 암석은 5억 1,000만 년 전~5억 500만 년 전에 폭풍이나 지진으로 진흙이 가파른 비탈을 따라서 빠르게 비교적 깊은 해저로 쏟아져 내림으로써 형성되었다. 이 진흙에 무수한 생물들이 그대로 묻혔다. 진흙이 밀봉하는 바람에 굶주린 미생물의 공격을 받아서 분해되지 않은 채 보존되었다. 그 덕분에 우리는 고대 해부학 교과서의 그림처럼 펼쳐져 있는 일반적인 화석을 이루는 광물화한 뼈대만이 아니라, 광물화하지 않은 등딱지, 팔다리, 아가미, 소화관, 심지어 신경절까지 볼 수 있다.

어떤 생물들인지는 〈그림 5-9~11〉에 나와 있다. 캄브리아기(5억 4,100만 년 전~4억 8,500만 년 전)는 우리에게 친숙해 보이는 동물들의 화석이 처음으로 많이 나오는 시대로 잘 알려져 있다. 기존에 발견되던 캄브리아기 동물 화석들은 광물화한 껍데기와 뼈대가 대부분이었고, 삼엽충이라는 멸종한 절지동물이 가장 많았다. 이 몸마디로 이루어져 있고 많은 다리를 지닌 동물은 캄브리아기 암석에서 발견된 모든 화석종의 약 75퍼센트를 차지한다. 버제스에도 삼엽충 화석이 많지만(〈그림 5-9〉), 삼엽충뿐 아니라 절지동물 전체를 놓고 보더라도 버제스 종 다양성의 1/3에 불과하다. 게다가 이곳에서 발견된 고대 절지동물은 대부분 삼엽충이 아니라, 겉뼈대에 광물이 쌓이지 않아서 대부분의 조건에서는 보존되지 않는 매우 기이한 형태의 동물이다. 또 이 암석에는 해면동물 화석이 흔하며, 훈련된 눈을 지닌 생물학자는 연체동물(달팽이, 조개, 오징어), 다모류와 새예동물, 심지어 우리가 속한 척추동물의 가까운 친척을 포함하여 많은 좌우대칭동물문들의 대변자들을 알아볼 수 있다. 중국, 그린란드, 호주의 지층들은 우리의 생물학적 과거를 들여다보는 이 놀라운 유리창을 더 넓혀서 적어도 5억 2,000만 년 전까지 들여다볼 수 있게 해준다.

에디아카라기 화석과 캄브리아기 화석은 종류가 놀라울 만치 다르지만, 관찰된 생물학적 차이가 진화가 아니라 보존 양상과 환경의 차이를 반영하는 것일 수도 있지 않을까? 이 가능성은 제외할 수

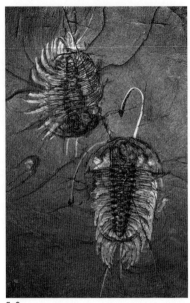

그림 5-9~11
버제스 셰일의 캄브리아기 화석. 다리
와 더듬이가 절묘할 만치 잘 보존된
삼엽충(〈그림 5-9〉), 절지동물의 멸종
한 친척인 오파비니아(〈그림 5-10〉),
센털이 두드러진 다모류(〈그림 5-11〉).

있다는 것이 드러났다. 우선 버제스 셰일과 비슷한 방식으로 에디아
카라기의 다양한 거시생물들이 잘 보존된 약 5억 5,000만 년 전의 셰
일이 중국에서 발견되었다. 바닷말이 많고 동물이라고 할 만한 화석
은 적으며 절지동물, 연체동물, 기타 복잡한 좌우대칭동물의 흔적은
전혀 없다. 흔적 화석도 비슷한 이야기를 전한다. 이동하는 동물은 흔
적, 길, 굴 등 해부학적 구조와 행동을 반영하는 화석을 남긴다. 더 뒤
의 에디아카라기 암석들에서는 얼마 안 되는 단순한 흔적들을 찾아

5-10

5-11

볼 수 있긴 하지만, 캄브리아기의 사암과 셰일에서 나타나는 복잡한 자취와 굴 같은 것은 전혀 없다. 그리고 광물화한 뼈대가 후기 에디아카라기 암석에서 발견되긴 하지만, 캄브리아기 뼈대에 비하면 형태가 단순하고 다양성도 적다.

따라서 미스테이큰포인트와 버제스의 생물상 차이는 그사이에 동물이 놀라울 만치 다양해졌음을 반영한다. 이를 캄브리아기 대폭발Cambrian Explosion이라고 한다. 캄브리아기 화석이 30억 년에 걸친 진화의 누적과 그로부터의 중대한 일탈 양쪽에 해당하는 새로운 생물권이 출현했음을 보여준다는 점에는 의문의 여지가 없다.

캄브리아기 화석을 꼼꼼히 살펴보면, 현생 생물과의 유사점뿐 아니라 차이점도 보이기 시작한다. 고인이 된 스티븐 제이 굴드Stephen Jay Gould는 베스트셀러인 『원더풀 라이프Wonderful Life』에서 차이점에 초점을 맞추었다. 그는 버제스 동물을 멸종한 체제body plan를 기록한 "기이한 경이"라고 보았다. 그가 선호한 사례는 오파비니아Opabinia였다. 몸길이 약 4~7센티미터에 눈이 5개이고, 끝에 발톱이 달린 유연한 긴 주둥이를 지닌 동물이다(〈그림 5-10〉). 기이하다고? 정말로 그렇다. 하지만 이질적일까? 아마 아닐 것이다. 세부적으로 보면 신기하지만, 오파비니아는 절지동물의 것과 아주 흡사한, 단단한 유기물

겉뼈대로 덮여 있고, 몸마디로 이루어진 몸을 지녔다. 캄브리아기 암석의 다른 화석들도 이런 낯섦과 친숙함의 조합을 보여주며, 그것들을 종합하면 우리가 절지동물이라고 여기는 체제가 어떻게 출현하게 되었는지가 드러난다. 따라서 캄브리아기 화석의 관점에서 보면, 살아 있는 절지동물은 더 폭넓은 캄브리아기 계통의 (매우 성공한!) 생존자라고 볼 수 있다. 그리고 절지동물이 그렇다면, 다른 동물문들도 마찬가지다. 캄브리아기 화석은 동물의 체제가 형성되어 가던 시기의 한 장면을 보여준다.

따라서 캄브리아기는 과도기다. 에디아카라기의 대도약은 캄브리아기에도 이어졌다. 아니, 사실상 가속되었다. 하지만 지금의 생물권이 아직 온전히 갖추어진 것은 아니었다. 새로 생겨난 다양한 동물 체제를 보여주는 화석들이 많긴 했지만, 온전히 현대적인 형태를 갖춘 종은 찾아보기 어렵다. 많은 동물 집단은 빠르게 다양해지고 있는 육식동물에 맞서서 몸을 보호하고자 광물이 섞여서 단단해진 뼈대를 갖추는 쪽으로 진화했지만, 캄브리아기 석회암은 여전히 물리적으로 또는 미생물을 통해 만들어진 탄산칼슘이 쌓여서 형성되고 있었다. (오늘날에는 대양에서 일어나는 석회암 퇴적물의 대부분을 뼈대가 차지한다.) 얕은 바다에 점점이 흩어진 암초는 주로 미생물이 만들었다. 비록 화석들은 이런 구조의 안팎에서 동물들이 번성했다는 것도 명백히 보여주지만. 바닷말은 비교적 흔했지만, 동물과 마찬가지로 조류 화석도 다양성이 크지 않다. 전보다 대기와 바다에 산소가 더 풍부해지긴 했지만, 아직 지금의 절반 수준에 불과했다. 심해의 물에는 여전히 산소가 없었다. 캄브리아기의 기후가 지금보다 따뜻했다는 증거는 몇 가지 방면에서 나온다. 눈덩이 지구의 꽁꽁 언 기후에서 벗어난 뒤 진정한 온실이 된 셈이었다. 캄브리아기 바다에서 헤엄친다면 많은 동물들이 먹이를 잡거나 잡히지 않으려고 물속을 빠르게 움직이는 광경을 보면서 감탄할 것이다. 그런 한편으로 종과 개체 양쪽으로 이질적인 생물과 평범한 생물이 섞여 있는 모습에 어리둥절할 수도 있다. 나는 고대 이집트 사원의 돋을새김이 떠오른다. 그런 조각들을 보면 현대인의 시선으로 해석하려는 유혹이 들긴 하지만, 아마 현명하지 못한 태도일 것이다.

오래전 오르도비스기(4억 8,500만 년 전~4억 4,400만 년 전)의 생명과 환경을 기록한 두꺼운 석회암 지층을 따라 죽 걸을 때 나는 세월을 죽 훑는 듯한 기분을 느꼈다. 오르도비스기는 캄브리아기 다음의 시대다. 그 층서의 맨 아래에 있는 암석은 더 오래된 캄브리아기의 암석과 매우 비슷해 보인다. 화석이 비교적 적고, 삼엽충을 빼면 대부분의 집단은 다양성이 높지 않다. 그러나 오르도비스기의 기록을 읽으면서 위로 올라갈수록, 암석은 서서히 변하기 시작했다. 삼엽충은 여전히 많았지만, 다른 뼈대 화석들이 점점 많아졌다.

이 출현하는 세계가 어떤 모습이었을지 감을 잡을 수 있는 곳이 있다. 인디애나주 리치먼드 인근의 시골 도로를 따라가 보자. 신시내티 북서부에 있는 이 소도시는 얼햄 대학의 소재지로 잘 알려져 있다. 도로 옆으로 깎아낸 비탈면에는 화석을 품은 오르도비스기(약 4억 5,000만 년 전~4억 4,500만 년 전) 후기의 석회암과 셰일이 드러나 있다. 이 화석들은 더 이상 이질적이지 않다. 조개, 달팽이, 두족류(오징어와 문어가 속한 집단), 산호, 이끼벌레, 완족류, 바다나리의 뼈대임을 알아볼 수 있다. 일부 해역에서는 이런 뼈대들이 해저 위로 솟아오르면서 오늘날 플로리다 키스나 바하마의 해안에서 스노클링을 할 때 볼 수 있는 것과 적어도 어느 정도 비슷한 암초를 형성하기도 했다. 이 시대의 암석에서는 문 수준의 새로운 체제가 전혀 출현하지 않았지만, 종 다양성은 대폭 증가했다. 거의 10배까지 늘어났다는 추정값도 있다. 그리고 처음으로 뼈대가 얕은 해저에 쌓이는 석회암의 주요 성분을 차지하게 되었다.

이 세 번째로 이루어진 해양 동물 다양성 증가의 원인을 놓고 많은 설명이 나왔으며, 별난 가설도 있다. 일부 지질학자는 대양의 수온이 낮아졌다는 화학적 증거를 토대로, 수온 하락이 동물들의 생태적 기회를 늘렸을 수 있다고 본다. 한편 산소 농도가 증가함으로써, 다양화를 촉발시켰다고 보는 이들도 있다. 또 포식이 증가함으로써 두꺼운 뼈대를 지닌 다양한 동물과 조류가 출현했다고 보는, 즉 생태적 추진력이 있었다고 가정하는 이들도 있다.

이 모든 설명이 들어맞을 수도 있지만, 각 설명은 나름 미흡한 점이 있을 것이다. 이번에도 생물권에서 작용하는 물리적 과정과 생물학적 과정은 따로따로 활동하지 않았다. 지구가 냉각되었다는 증거는 명확하며, 아마 산맥이 솟으면서 대기의 이산화탄소를 제거하는 풍화 작용이 늘어났기 때문일 것이다. 산소는 따뜻한 물보다 차가운 물에 더 많이 녹아 있을 수 있으므로, 오르도비스기 기온 저하로 얕은 바다에 사는 동물들이 이용할 수 있는 산소가 더 많아졌을 것이다. 설령 대기의 산소 농도는 달라지지 않았다고 해도 그렇다. 그리고 육식동물은 대체로 다른 동물들보다 산소를 더 많이 쓴다. 포식에는 에너지가 많이 소모되기 때문이다.

어떤 해석이 맞든 간에, 후기 오르도비스기 바다에는 동물이 우글거렸다. 멸종한 산호, 거대한 이끼벌레(현생 이끼벌레와 전혀 다른), 광물이 많이 섞인 해면동물은 암초를 만들었다. 이 암초는 원뿔 모양을 한 오징어의 친척—길이가 3.5미터에 이르는 것도 있다—과 어류—지느러미와 꼬리를 보면 어류이지만 턱은 없다—등 다양한 포식자와 청소동물에게 먹이와 보금자리를 제공했다. 세계적인 냉각은 짧은 기간이지만 심한 빙하기로 이어졌다. 지금의 남반구 대륙들에 있는 빙하로 형성된 암석들이 그렇다고 말한다. 그리고 다른 사건도 일어났다. 빙하가 다시 사라질 무렵, 알려진 모든 종의 약 70퍼센트가 사라진 상태였다.

6

초록 지구

식물과 동물이 육지를 정복하다

1991년 나는 모스크바에서 낡은 에어로플로트 제트 여객기를 타고서 야쿠츠크로 향했다. 모스크바에서 동쪽으로 약 4,900킬로미터 떨어진 시베리아의 도시다. 8시간을 날아가는 동안 나는 거의 내내 창밖을 내다보고 있었다. 아래로 숲이 끝없이 펼쳐져 있었다. 이따금 은빛으로 빛나면서 구불거리면서 북극해로 흘러가는 강줄기가 보일 뿐이었다. 캄브리아기에 아직 진화적 청년기에 있던 삼엽충은 여기저기 미생물로 뒤덮인 대부분의 헐벗은 암석 위를 돌아다니면서 비슷한 여행을 했을 것이다. 따라서 이 시베리아의 푸른 경관은 또 다른 생물학적 혁명을 반영한다. 복잡한 다세포생물의 육지 정복이다.

아마 미생물은 지구 역사 초기에 육지에도 정착했겠지만, 세계를 바꿈으로써 복잡한 육상 생태계가 들어설 먹이와 물리적 구조를 제공한 것은 식물이었다. 오늘날 약 40만 종의 육상식물은 지구 광합성의 절반과 지구 총 생물량의 약 80퍼센트를 차지한다. 사실 지구를 초록으로 뒤덮은 식물은 우주에서도 보이는 우리 행성의 주된 특징 중 하나다. 1990년 나사의 우주선 갈릴레오호는 목성을 향해 날아가면서 기계 눈을 멀리 있는 지구로 향하고 있었는데, 지구에서 반사된 빛의 파장을 분석하자 근적외선 쪽에서 높게 치솟는 양상이 나타났다. 이를 식생 적변Vegetation Red Edge이라고 한다. 이 특징은 육상식물이 가시광선을 강하게 흡수하는 반면, 적외선 파장은 우주로 반사하기 때문에 나타난다. 원시 지구를 방문한 이들은 그런 특징을 전혀 관측할 수 없을 것이다.

동물은 고대의 바다에서 출현했지만, 지금은 육지에서 가장 다양하다. 곤충 종만 해도 바다에 사는 모든 동물 종보다 훨씬 많다. 또 균류는 엄청나게 많은 종이 흙에 살고 있지만 대부분은 아직 제대로 밝혀지지 않은 상태이며, 무수한 원생생물과 세균은 바다에서 오랫동안 해 왔듯이 육지에서도 탄소, 질소, 황 같은 원소들을 순환시킨다.

우리에게 친숙한 들판과 숲으로 이루어진 세상, 메뚜기와 토끼는 대륙과 섬이 놀라운 변신을 했음을 보여준다. 그리고 이 변신은 지구 역사의 가장 최근 10퍼센트에서만 이루어져 왔다. 우리 행성의 녹화는 어떻게 일어났고, 지구 자체에 어떤 여파가 미쳤을까?

1912년 의사인 윌리엄 매키William Mackie는 지질 조사를 하면서 스코틀랜드 라이니라는 마을을 지나갔다. 라이닌은 애버딘에서 북서쪽으로 약 50킬로미터 떨어져 있으며, 주변으로는 굽이치는 밭들이 펼쳐져 있고, 지질학자의 시선을 끌 만한 암석이 거의 보이지 않는다. 그래서 매키는 동네 밭에 세워진 울타리에 좀 특이한 돌들이 박혀 있는 것을 보자, 이를 살펴보게 되었다. 암석은 처트^{SiO_2}로 이루어져 있었고, 더 자세히 보니 줄기 화석처럼 보이는 것이 들어 있었다. 생장 상태를 보여주는 것도 있었다. 매키는 라이니 처트$^{Rhynie Chert}$를 발견한 것이다. 버제스 셰일의 고식물학판에 해당했다. 약 4억 700만 년 전 현재의 옐로스톤이나 뉴질랜드 북섬에 있는 것과 비슷한 온천 속이나 주위에 쌓인 라이니 처트는 진화적 사춘기에 있던 육상 생태계의 모습을 놀라울 만치 선명하게 엿볼 수 있게 해준다.

식물은 라이니 처트라는 무대의 주역이다. 앞으로 살펴보겠지만, 다른 수많은 생물과 함께 무대에 섰다. 많은 세포학적 및 분자생물학적 특징들을 볼 때, 육상식물은 민물에 사는 녹조로부터 진화한 것이 분명하다. 그러나 강과 연못에서 마른 땅으로 진화 여행을 하려면 건조 방지, 기계적 지지, 자원 획득 등 실질적인 문제들을 해결해야 했다. 물에 에워싸여 있을 때, 광합성 생물은 마를 위험이 없지만, 육지에 있을 때는 세포에서 계속 수증기가 증발한다. 그래서 민물을 계속 빨아들이지 않는다면, 금방 시들어 죽을 것이다. 따라서 육지의 광합성 생물은 살아 있는 조직에서의 증발을 늦추는 수단이 필요했다. 수생 조류는 호수나 강의 바닥에서부터 수직으로 서 있도록 지탱하는 특수한 조직이 전혀 필요 없다. 물 자체가 몸을 받치기 때문이다. 그러나 육지의 공기는 식물이 서 있도록 지지하지 못한다. 식물이 체형을 유지하려면 다른 수단이 필요하다. 그리고 호수와 강에서는 주변의 물에서 영양소를 흡수할 수 있지만 육지에서는 흙에서 흡수하여 세포 성장이 일어나는 부위로 운반해야 한다. 고생물학자들에게는 다행스럽게도, 육지에서 식물이 살아가기 위해 갖춘 적응 형질들은 대체로 해부학적인 것이다. 즉 현생 식물에서도 볼 수 있고, 화석으로도 잘 보존된다.

라이니 풍경의 많은 지역을 뒤덮고 있던 상징적인 초기 식물인 리니아*Rhynia*는 주로 광합성을 하는 헐벗은 축만으로 이루어져 있었다. 이 축은 연필만 한데, 딸기의 기는줄기와 매우 흡사하게 땅을 따라 기다가 이따금 수직으로 가지를 뻗어 올린다. 수직으로는 최대 20센티미터까지 뻗어 올라간다(〈그림 6-1〉). 이 축은 얇은 왁스 층과 큐티클*cuticle*(식물의 체표를 덮고 있는 얇은 막)이라는 지방산으로 덮여 있다. 현생 식물을 조사하여 알고 있듯이 큐티클이 실질적으로 세포의 수증기가 대기로 빠져나가지 못하게 막지만, 반면에 광합성에 필요한 이산화탄소가 확산되어 들어오는 것도 막는다는 것을 알았다. 그래서 현생 식물과 마찬가지로 리니아도 물 손실을 억제하면서 이산화탄소를 얻는 문제를 해결할 탁월한 방법을 고안했다. 현생 식물은 표면에 기공이라는 수많은 작은 구멍이 나 있다. 이 구멍의 가장자리에는 식물이 물 부족 스트레스를 받을 때에는 늘어나서 구멍을 막았다가 안전해지면 수축하여 구멍을 다시 열어서 이산화탄소가 들어올 수 있도록 하는 세포가 있다. 따라서 기공을 지닌 큐티클은 육상식물의 필수 요소다. 라이니 화석에서도 볼 수 있다.

　육지의 광합성이 필연적으로 물 손실을 수반하므로, 식물은 주변에서 물을 흡수하여 몸 전체로 수송하는 메커니즘이 필요하다. 육상 생태계에서 물은 질소와 인 같은 영양소와 함께 주로 흙에 있다. 현생 식물은 흙으로 가느다란 손가락처럼 뻗어 나가는 뿌리로 물과 영양소를 흡수한다. 사실 대다수 식물에서는 영양소 흡수의 상당 부분을 뿌리와 긴밀한 협력을 맺고 살아가는 균류가 맡는다. 라이니 식물은 뿌리가 그다지 발달하지 않았고, 헛뿌리라는 가느다란 가닥을 통해서 땅에 몸을 고정하고 물을 흡수한다. 그러나 화석들은 4억여 년 전에 육상식물이 이미 먹이와 영양소를 교환하면서 균류와 긴밀한 협력을 맺으면서 살았음을 보여준다. 이 협력 관계가 없었다면, 지

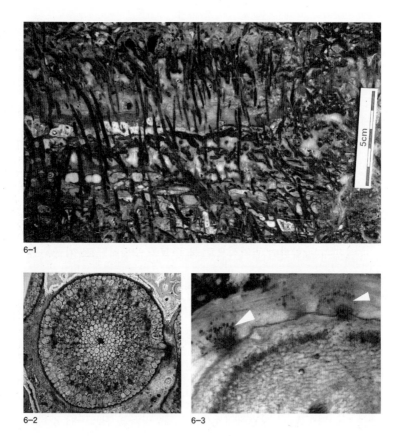

6-1

6-2

6-3

그림 6-1~3 스코틀랜드에 있는 4억 700만 년 전의 라이니 처트. 라이니 암석은 단순한 식물(〈그림 6-1〉, 해부 단면은 〈그림 6-2〉), 동물, 균류(〈그림 6-3〉, 화살표는 라이니 식물의 조직 안에 사는 균류), 조류, 원생동물, 세균이 포함된 최초의 육상 생태계를 어렴풋이 엿볼 수 있게 해준다. 이들은 모두 육지나 얕은 물웅덩이에 살았다.

구의 녹색 혁명은 결코 일어나지 못했을 것이다.

마지막으로 식물은 물과 영양소를 위쪽으로 운반하고, 광합성을 통해 생산한 먹이를 온몸으로 보내야 한다. 이 일은 관다발이라는 특수한 조직이 수행한다. 또 관다발에서 물을 운반하는 세포는 벽이 두꺼우며, 이 두꺼운 벽은 식물이 서 있도록 지탱하는 기계적 강도를 제공한다. 리니아의 해부 구조를 보면 식물의 축 중심을 따라 가느다란 원통형 관다발 조직이 위로 뻗어 있음을 알 수 있다(〈그림 6-2〉).

리니아의 곧추선 축 끝에는 대개 번식을 위한 홀씨가 들어 있는 길쭉한 기관이 달려 있다. 물에서는 홀씨가 이리저리 헤엄쳐 움직일 수 있으므로, 퍼지기가 비교적 쉽다. 그러나 육지에 사는 리니아의 홀씨는 바람을 통해 흩날려서 퍼졌기에, 말라붙기 쉬웠다. 그래서 현생 고사리 홀씨나 꽃식물의 꽃가루처럼, 리니아의 홀씨도 스포로폴레닌 sporopollenin(포자나 화분의 세포벽을 구성하는 화합물)이라는 복잡한 중합체로 감싸여 있었다. 이 덮개는 물 손실을 억제하는 한편으로 해로운 자외선을 막는 "선글라스" 역할도 했다. 따라서 전반적인 해부 구조를 볼 때, 라이니 식물은 현생 식물과 비슷했지만, 그밖에는 흥미로운 차이점을 보여준다. 잎, 커다란 뿌리, 목질부, 씨가 없었기 때문이다. 종합하자면, 버제스 셰일이 동물의 초기 모습을 보여주듯이, 라이니 처트에는 식물이 되어 가는 중인 광합성 개척자들이 보존되어 있다.

지금까지 라이니에서 10여 종의 동물이 발견되었는데, 단 한 종류만 빼고 모두 절지동물이었다. 이 예외적인 동물은 선충이었다. 선충은 지구에서 가장 수가 많은 동물에 속하면서, 화석은 가장 드문 편이다. 초기 식물처럼 육상으로 이주한 동물도 건조를 막고 몸무게를 지탱할 수단을 갖추어야 했다. 절지동물의 유기물 겉뼈대를 덮은 왁스 같은 물질은 물 손실을 막았고, 원래 바다에서 진화한 근육질 관절 다리는 육지에서 구조적으로 몸을 지지하고 움직일 수 있는 수단이 되었다. 산소도 해결해야 할 문제였다. 아가미는 물속에서는 잘 작동하지만 공기 속에서는 그다지 유용하지 않다. 많은 전갈과 거미는 책허파book lung를 써서 호흡을 한다. 책허파 안에는 공기와 접촉하는 표면적을 최대로 늘리기 위해서 복잡하게 접혀 있는 조직이 있다. 공기의 산소는 책허파를 지나면서 확산되어 피와 비슷한 체액으로 들어가서 온몸으로 운반된다. 책허파는 수생 조상의 아가미에서 진화한 듯하다.

또 라이니 암석에는 곤충 화석도 있다. 지금까지 알려진 곤충 중 가장 오래된 것이다. 적응 방산을 거쳐서 동물계에서 다양성의 정점에 이르게 될 집단이 이때에 이미 있었다는 뜻이다. 또 다양한 균류도 있었다. 식물의 생존을 돕는 종류도 있었고(〈그림 6-3〉) 죽은 식물을 먹는 종류도 있었다. 그리고 난균류oomycete도 있었다. 균류처럼 생긴 이 미생물은 19세기 아일랜드의 감자역병을 일으킨 원인이었다. 또 세포 주위로 꽃병 같은 유기물 껍데기를 만드는 아메바, 녹조류와 남세균도 있었다. 요약하자면, 라이니 화석은 약 4억 년 전에 이미 현대의 생태적 구조와 다양성을 초보적인 형태로 갖춘 육상 생태계가 있었음을 말해준다. 더 오래된 화석들은 라이니 화석보다 약 5,000만 년 전에 육상식물의 초기 조상이 육지에 이미 자리를 잡았음을 말해준다. 그리고 우리의 스코틀랜드 이정표에서 5,000만 년이 더 흐르면, 식물은 놀라운 진화적 혁신을 보여준다. 거의 마지막으로 남은 몇몇 계통을 제외하고, 잎, 뿌리, 목질부, 씨를 갖춘 모습이다.

우리의 조상인 척추동물은 그 모임에 비교적 늦게 참석했다. 팔다리가 4개라서 사지류tetrapod라고 하는 육상 척추동물은 캄브리아기 대폭발 때 바다에서 처음 다양해진 어류의 후손임이 명백하다. 사실 비교생물학과 분자 서열 분석 결과는 사지류가 육기어류lobe-finned fishes(지느러미에 살집이 있는 동물)라는 집단의 가까운 친척임을 보여준다. 다랑어에서 송어에 이르기까지 경골어류의 대다수는 몸에 붙은 작은 뼈들로부터 부챗살처럼 길게 뻗은 가느다란 뼈들이 지느러미를 지탱한다. 대조적으로 육기어류는 하나의 뼈를 통해 몸에 연결되어 있고, 다른 뼈들은 사지류의 팔다리뼈와 그리 다르지 않은 구조로 배열되어 있는 살집 있는 지느러미를 지니고 있다. 실러캔스 coelacanth는 육기어류 중 가장 유명하지만, 육상 척추동물의 가장 가까운 친척은 아니다. 실러캔스는 오랫동안 화석으로만 알려져 있었다. 6,600만 년 이전의 암석에서만 발견되었기에, 멸종했다고 여겨졌다. 그런데 1938년 남아프리카 해안에서 일하던 한 어부가 끌어올린 그물에서 살아 있는 실러캔스가 발견됨으로써, 멸종했다는 결론이 성급했다는 것이 드러났다. 그 뒤에 인도네시아 술라웨시 인근의 해역에서 두 번째 종이 발견되었다. 실러캔스는 척추동물의 친척임을 뚜렷이 보여주는 살집 있는 지느러미를 지니고 있는 한편, 물에 사는 어류임이 분명한 특징도 지닌다.

사지류의 더 가까운 친척은 폐어다. 민물어류 6종인 이들은 살집 있는 지느러미를 지니고 있으며, 진화적으로 부레와 관련이 있는 원시적인 허파를 써서 호흡을 한다. 어류에게서 부력을 유지하는 데 널리 쓰이는 이 부푼 기관이 심장에 산소를 공급하는 용도로도 쓰이는 것이다. 여전히 물고기임을 알아볼 수 있긴 하지만, 폐어는 육지생활에 맞는 적응 형질도 뚜렷이 지니고 있다. 단 한 종만이 아가미만 써서 호흡하는 능력을 간직하고 있다. 그러나 어류와 사지류의 형태적 차이는 여전히 크다. 식물처럼 척추동물도 육지에 정착하려면 진화적으로 변형을 거쳐야 했다. 공기에 있는 산소를 흡수할 허파도 필요했을 뿐 아니라, 육상 환경에서 먹고 호흡하고 돌아다닐 수 있도록 머리뼈, 갈비뼈, 팔다리도 구조적으로 재편되어야 했다.

어류는 주로 입으로 먹이를 빨아들여서 잡아먹고, 물을 삼켜서 아가미로 밀어냄으로써 산소를 얻는다. 이 때문에 어류는 머리뼈의 구조가 복잡하지만 유연하다. 육지에서 척추동물은 입으로 물어뜯어서 먹이를 먹고 공기를 호흡함으로써 산소를 얻는다. 그 결과 머리뼈는 물어뜯고 공기를 호흡하기 좋게 더 튼튼하고 더 딱딱한 구조로 변형되었다. 그 과정에서 입천장도 소리내기 알맞게 변했고, 그에 따라 장기적으로 행동에도 변화가 일어났다. 호흡에 알맞은 적응 형질은 우리의 갈비뼈 진화 양상에서도 찾아볼 수 있다. 등뼈에서 뻗어 나온 이 긴 뼈들은 허파를 팽창시키고 수축시키는 데 필요한 근육을 지탱한다. 게다가 어류의 팔이음뼈를 이루는 뼈들은 머리뼈와 이어져 있다. 주로 물속에서 헤엄치는 데 도움을 주는 날렵한 몸을 만드는 데 기여한다. 추진력은 대체로 몸과 꼬리의 근육이 일으킨다. 육상 척추동물은 근육질 팔다리로 신체 구조를 지탱하고 움직인다. 팔다리는 근육이 붙는 부위라서 불룩하게 튀어나온 골반과 팔이음뼈(이제 진짜 목을 통해 머리뼈와 분리되어 있는)에 붙어 있다.

약 3억 8,000만 년 전~3억 6,000만 년 전에 쌓인 일련의 화석들은 이 전이 과정을 놀라울 만치 잘 기록하고 있다. 진화에 회의적인 이들은 진화적 중간 단계를 보존한 화석이 없다는 주장을 종종 펼치곤 하지만, 틱타알릭*Tiktaalik*을 본 적이 없어서 그렇다(〈그림 6-4〉). 북극권 캐나다에서 발견된 약 3억 7,500만 년 된 암석에 들어 있는 틱타알릭은 전체적으로 육기어류의 신체 구조를 지녔고, 아가미로 호흡했고, 비늘로 덮여 있었지만, 악어처럼 머리뼈가 납작했다. 지느러미는 육기어류 체제를 따랐지만, 뼈는 팔꿈치와 발목을 떠올리게 하는 형태로 변형되어 있었다. 팔이음뼈는 목을 통해 머리뼈와 분리되어 있었고, 다리처럼 움직이고 몸을 지탱하는 데 필요한 근육이 달려 있었던 듯하다. 또 머리뼈의 특징들을 볼 때, 틱타알릭은 현생 폐어처럼 허파로 공기 호흡을 할 수 있었을 것이다.

틱타알릭은 어류였을까 사지류였을까? 말하기는 쉽지 않으며, 바로 그 점이 핵심이다. 이 놀라운 화석 및 유사한 화석들은 시간대에 따라서 진화하는 특징들을 보여준다. 물에서 육지로의 전이 과정을 기록하고 있다. 틱타알릭은 아직 수생동물이긴 하지만, 아마 얕

그림 6-4 틱타알릭. 어류와 육상 척추동물의 중간 단계에 속하는 특징들을 지닌 3억 7,500만 년 된 화석(아래쪽은 재현한 모습).

은 물에서 살았을 것이고, 다리처럼 생긴 지느러미를 써서 주변 뭍으로도 들락거릴 수 있었을 것이다. 또 공기를 호흡하고 턱으로 먹이를 잡았을 수도 있다. 퇴적층 표면에 보존된 발자국 화석은 후기 데본기에, 척추동물이 건조한 육지에 정착을 시작한 상태였다는 독자적인 증거를 제공한다.

캄브리아기에 해양생물이 다양해지기 시작했을 때, 맨틀의 융기로 후기 원생대의 초대륙이 쪼개지면서 생긴 대륙들은 서로 멀어지고 있었다. 그러나 지표면은 공 모양이므로, 한쪽에서 서로 멀어지면 다른 쪽에서는 서로 가까워지므로, 라이니 암석이 형성될 즈음에는 다시금 서로 합쳐져서 하나의 초대륙인 판게아를 형성하기 시작한 상태였다. 대륙들은 수백만 년에 걸쳐 충돌하면서 산맥을 밀어 올렸다. 그 산맥들은 오늘날 완만하게 솟아오른 형태로 남아 있으며, 채석장과 도로 절개지에서 단층과 습곡이 일어난 모습의 그런 암석들을 볼 수 있다. 판게아 형성은 약 3억 년 전에 완성되었지만, 맨틀 대류가 계속 일어나면서 대륙들도 계속 움직였기에, 판게아는 약 1억 7,500만 년 전에 다시 쪼개지게 된다(2장 참조).

생명의 육지 정복은 지구에 어떤 영향을 미쳤을까? 흙(토양)은 이 정착의 산물이다. 우리는 으레 흙이 지구의 표면이 물리적으로 변형된 형태라고 생각하곤 한다(흙을 생각한 적이 있다고 할 때). 그러나 아마도 인류에게 가장 중요한 자원일 흙도 물리적 과정과 생물학적 과정의 상호작용의 산물이다. 화학적 풍화뿐 아니라, 뿌리와 균류, 묻힌 식물 잔해와 지렁이도 흙의 형성에 많은 역할을 한다. 사실 흙 형성에 기여하는 주된 물리적 과정 ─화학적 풍화─도 지표면 속으로 뚫고 들어가면서 유기산을 분비하는 뿌리의 도움을 많이 받는다. 따라서 육상 생태계가 발달할 때, 기름진 토양도 함께 발달했다.

식물이 합성하는 큐티클, 리그닌^{lignin}(식물 세포벽의 주성분), 스포로폴레닌을 비롯한 생명 분자들은 세균의 분해에 저항함으로써, 쌓여서 퇴적물로 보존되기 쉽다. 이는 탄소 순환을 늦추는 역할을 했고, 그에 따라서 두 가지 독특한 결과가 빚어졌다. 광합성으로 생산된 유기물이 점점 더 많이 묻히면서 대기의 이산화탄소로부터 퇴적되는 유기물로 전달되는 탄소량이 늘어났고, 그 결과 기후가 냉각됐을 것이다. 그리고 묻힌 유기 탄소는 산소를 쓰는 호흡을 통해 분해되지 않으므로, 유기물이 더 많이 묻힐수록 대기의 산소 농도도 증가했을 것이다. 이런 예측들에 들어맞는 네 가지 계통의 화학적 증거들이 있다. 그런 증거들은 초기 육상 식물이 진화할 때, 대기 산소 농도가 마침내 지금의 수준에 다다르면서 마찬가지로 심해까지도 산소가 퍼졌음을 시사한다. 그리고 대륙 빙하가 데본기가 끝나갈 무렵에 시작되어 석탄기 때 빠르게 퍼지면서 남반구 대륙들을 뒤덮었다. 고생대 말에 하나의 초대륙을 이루었던 아프리카 남부, 남아메리카, 인도, 호주, 남극대륙의 퇴적층에 그 흔적이 보존되어 있다.

극지방에 얼음이 쌓일 때, 당시 적도 저지대에 있던 북아메리카,

유럽, 중국 각지를 비롯한 곳들은 습지로 뒤덮였다. 산업혁명을 뒷받침한(그리고 세계 온난화를 부추기는) 석탄 중 상당량은 이 고대 습지에 묻힌 식물 잔해들에서 형성되었다. 생물학적으로 볼 때, 당시는 거인들의 시대였다. 아직 공룡은 거대해지지 않았지만, 날개폭이 최대 70센티미터에 달한 잠자리와 몸길이가 2미터나 되는 노래기가 살았다. 오늘날 주로 작게 자라는 약 15종만 남아 있는 식물 집단인 쇠뜨기류는 당시에는 높이 10미터를 넘는 나무 종도 있었다. 또 마찬가지로 지금은 주로 땅을 기어 다니는 작은 식물인 석송류도 석탄기 열대 습지에서는 30미터 넘게 자랐다. 미국 웨스트버지니아, 켄터키, 일리노이주 일대에서 채굴된 석탄은 주로 이 멸종한 거인들의 잔해가 짓눌려서 생긴 것이다. 고사리와 종자식물도 다양해졌고, 현생 침엽수의 조상들도 포함되어 있었지만 대부분은 멸종하고 없는 침엽수도 그랬다. 그러나 습지는 이윽고 사라졌다. 고생대 말에 대륙 충돌로 솟아오른 산맥들 때문에 대기와 대양의 순환 양상이 바뀌면서, 습지에서 물이 사라지고 그곳에 살던 독특한 종들도 사라졌다. 식물과 사지류 양쪽에서 새로운 생태계 구성원들이 출현하고 있었고, 멸종한 생물 중 가장 상징적인 존재인 공룡도 그중 하나였다.

오래전 젊은 과학자라는 자격을 실질적으로 갖추었을 때, 나는 그들이 모이는 한 학술대회에 참석한 적이 있다. 거기에서 나는 마리아 주버Maria Zuber를 만났다. 당시 그는 신진 행성과학자였는데, 지금은 달과 먼 행성에 관한 저명한 전문가가 되어 있다. 첫날 일정을 마친 뒤, 마리아는 집에 있는 어린 아들에게 전화를 걸어서 온종일 고생물학자들과 대화를 하면서 보냈다고 말해주었다. 아들은 무척 흥분하면서 누구를 만났는지 물었다. "음, 두 사람이야. 앤디 놀과 사이먼 콘웨이 모리스지." 아들은 모르는 사람들이었다. 이 무명 인사들이 초기 생명을 연구하는 학자들이라고 하자, 아들은 위로하는 투로 말했다. "엄마, 걱정 마. 공룡을 연구하는 사람들도 만나게 될 거야."

공룡. 브라키오사우루스Brachiosaurus, 트리케라톱스Triceratops, 티라노사우루스 렉스Tyrannosaurus rex. 당신이 아는 이름들일 것이다. 아니, 적어도 여덟 살 때는 알았다. 지구와 생명의 역사 전체로 보면, 공룡이 지배한 시기는 짧았다. 지구 역사의 4퍼센트도 안 된다. 그리고 공룡이 지구에 미친 영향은 남세균에 비하면 미미하다. 그래도 쥐라기와 백악기에 공룡은 생태계에서 절대 권력을 행사했고, 그들이 진화한 양상은 생명의 역사에서 유례없는 수준이다.

그렇다면 공룡이란 무엇일까? 어떤 특징을 지녔기에 생태적으로 그렇게 성공을 거둔 것일까? 그리고 어떤 공룡은 왜 그렇게 거대해졌을까? 공룡이 어떤 세계에 살고 있었는지를 살펴보면서 이런 질문들을 다루어보자.

최초의 육상 척추동물은 포식자였고 아마 청소동물도 있었겠지만, 그 뒤로 5,000만 년 사이에 사지류는 육식동물과 초식동물 양쪽으로 아주 다양해지면서 양서류와 유양막류로 분화했다. 후자에는 현재의 파충류, 조류, 거북류, 포유류가 속해 있다. 다음 장에서 말하겠지만, 고생대는 격변으로 끝났지만, 육상 생태계는 중생대(2억 5,200만 년 전~6,600만 년 전)에 다시 소생했고, 척추동물과 식생 양쪽으로 더 지금과 비슷한 모습을 띠게 되었다. 현재 주류를 이루는 크고 작은 나무들은 침엽수, 은행나무, 그 밖의 종자식물, 작게 자라는 다양한 양치류다. 오늘날 대다수 육상 생태계를 지배하는 꽃식물은 중생대 후기에야 적응 방산을 이루었다. 가장 오래된 화석은 1억 4,000만 년 남짓 된 것이다.

초기 중생대에 사지류는 다양해지면서 오늘날 우리가 보는 동물 집단들도 낳았다. 최초로 알려진 진정한 포유류, 거북, 도마뱀, 개구리는 모두 트라이아스기(2억 5,200만 년 전~2억 100만 년 전)의 암석에서 익룡(날개 달린 최초의 척추동물), 공룡형류(최초의 진정한 공룡과 그 가까운 친척들), 지금은 멸종하고 없는 그 밖의 집단들과 함께 나타난다. 트라이아스기의 많은 생태계에서 가장 다양하면서 가장 수가 많은 척추동물은 크고 날랜 파충류였다. 두 발로 달리는 종류도 있고 네 발로 달리는 종류도 있었으며, 이빨 가득한 긴 주둥이를 지닌 종류도 있었고 돼지코를 지닌 종류도 있었으며, 육식성도 있고 초식성도 있었다. 공룡은? 사실상 미미했다. 트라이아스기 생태계에 공룡이 있긴 했지만, 그다지 수가 많은 것도 다양한 것도 아니었다. 트라이아스기 생태계의 귀족은 오늘날 악어류로 대변되는 계통에 속해 있었다. 공룡이 어떤 탁월한 적응 형질에 힘입어서 이윽고 권력을 빼앗은 것일까? 그렇게 보이지 않는다. 트라이아스기 세계는 격변으로 시작하여 격변으로 끝났다. 공룡이 생태계의 지배자가 된 것은 적어도 어느 정도는 그들이 트라이아스기 말의 환경 격변에서 살아남았기 때문이다. 아마 유전자뿐 아니라 행운도 많은 역할을 했을 것이다.

대륙에서 더 오늘날에 가까운 생물 세계가 모습을 갖추어가고 있는 와중에도, 물리적 지구는 변화를 거듭했다. 판게아가 쪼개지는 과정을 담은 초기 기록 중에 이 초대륙이 초기에 쪼개질 때 분출한 화산암인 팰리세이즈Palisades 암석이 있다. 이 암석은 현재의 뉴욕시 인근 허드슨강 연안의 낮은 절벽에 드러나 있다. 대서양은 적도에서부터 남북극을 향해 지퍼처럼 열렸다. 그리고 남북아메리카가 서쪽으로 밀려남에 따라서, 태평양판의 해양 지각이 그 밑으로 섭입되면서 로키산맥과 안데스산맥이 솟아올랐다. 남쪽에서도 대륙들이 쪼개져 나갔다. 아프리카와 인도는 북쪽으로 나아가서 유라시아 아래쪽을 들이받으면서 알프스산맥에서 히말라야산맥까지 뻗어 있는 거대한 산맥을 형성했다. 즉 오늘날의 세계 지리가 모습을 갖추어가고 있었다. 대체로 얼음이 없는 따뜻한 시기였지만, 다시금 판구조가 대륙들을 재배치하고 산맥을 밀어올림에 따라서, 새로운 빙하기의 씨앗이 뿌려졌다. 훨씬 더 미래의 일이긴 하지만.

이제 공룡에 관한 기본적인 질문으로 돌아갈 수 있다. 공룡의 정의는 사실 꽤 밋밋하다. 1800년대 초부터 고생물학자들은 오늘날 살고 있는 그 어떤 사지류와도 다른 거대한 화석을 많이 발견했고, 그것들에 기억에 남을 이름을 붙였다. 바로 공룡^{dinosaur}이었다. 이 영어 단어는 "무시무시한 도마뱀"을 뜻하는 그리스어에서 유래했다. 지금은 계통의 관점에서 공룡을 정의한다. 공룡은 최초로 발견된 이 거인들과 그 후손들의 마지막 공통 조상으로 이루어진다는 것이다. 다행히도 이 정의는 누군가가 그 용어를 말할 때 떠오르는 이미지와 들어맞는다. 뒤에서 살펴보겠지만, 그 점은 한 가지 놀라운 결과를 낳는다.

공룡을 생각할 때, 사람들은 대개 거대한 동물을 떠올린다. 초식 공룡조차도 적잖이 무시무시하게 보인다. 이 생각은 대체로 옳긴 하다. 그러나 지금까지 알려진 공룡 중 가장 작은 것은 무게가 겨우 약 7킬로그램에, 몸집은 작은 개만 하다. 최근에 척추동물 종들의 몸집을 비교 분석하여 분포도를 작성하니, 포유류든 조류든 양서류든 어류든 간에 대다수 집단은 더 작은 쪽에 몰려 있었고 더 큰 쪽에 분포한 종은 적어서 그래프가 가늘고 긴 꼬리처럼 보였다. 즉 설치류는 많지만 코끼리는 적다는 뜻이다. 그러나 공룡은 다르다. 공룡의 크기는 실제로 큰 몸집 쪽으로 치우쳐 있다.

따라서 여덟 살인 아이가 알려주는 것처럼, 대부분의 공룡은 실제로 컸다. 그런데 왜 그랬을까? 공룡은 지구에 살았던 다른 모든 사지류들과 왜 달랐을까? 학자마다 견해가 다르지만, 독일 고생물학자 마르틴 잔더Martin Sander 연구진은 내게 설득력 있게 와닿는 가설을 내놓았다.

최초의 거대한 공룡, 그리고 사실상 지구 역사상 가장 큰 공룡은 용각류였다. 이들은 목이 긴 초식동물로서, 가장 큰 편인 티타노사우루스Titanosaurus는 몸길이가 37미터, 몸무게가 70~90톤에 달했다. (뉴

THE TITANOSAUR

욕의 미국 자연사 박물관에는 이 공룡의 장엄한 표본이 전시되어 있는데, 엄청나게 크다는 점이 잘 드러나도록 머리를 전시실 바깥의 통로로 삐죽 내민 모습으로 설치했다(〈그림 6-5〉). 산더 연구진은 이 길쭉한 목에 연구의 초점을 맞추었다.

용각류는 놀라운 목을 써서 다른 초식동물은 닿지 않는 곳에 있는 먹이까지 뜯어 먹을 수 있었고, 최소한의 움직임으로 넓은 공간에서 먹이를 먹을 수 있었다. 즉 몸집이 커질수록, 먹이 자원을 더 효과적으로 얻게 되었다. 목은 용각류의 머리가 아주 작기 때문에 길어질 수 있었다. 용각류의 머리가 하드로사우루스나 티라노사우루스의 머리만 했다면, 목이 지탱할 수 없었을 것이다. 그리고 용각류의 머리는 부모님 말을 잘 듣는 아이와 달리, 그들이 먹이를 씹어 먹지 않았기 때문에 작아질 수 있었다. 용각류는 나뭇가지에서 잎과 씨를 뜯거나 죽 훑어서 따낸 뒤 그냥 통째로—그리고 빠르게—삼켰다.

악어와 달리 공룡은 거대한 몸속으로 산소를 효율적으로 운반할 수 있도록 호흡계가 조류와 비슷했다. 그리고 목의 무게를 줄이기

그림 6-5

뉴욕의 미국 자연사 박물관에 전시되어 있는 거대한 티타노사우루스의 일종인 파타고티탄 마요룸*Patagotitan mayorum*의 뼈대. 주둥이에서 꼬리까지 길이가 37미터다.

위해서 목뼈에 많은 공기주머니가 나 있었다. 또 용각류는 대사율이 높아서 빨리 성장할 수 있었다. 갓 부화한 새끼와 성체의 몸집 차이가 10만 배까지 달하므로, 성장 속도가 빨라야 했다. 오늘날 많은 열량을 태워서 체온을 높게 유지하는 동물은 정온동물, 주변 환경에 따라 체온이 변하는 동물은 변온동물이라고 분류한다. 정온동물인 포유류와 조류는 높은 체온을 유지하기 위해 많은 에너지를 쓰며, 그만큼 먹이를 많이 먹어야 한다. 공룡은 우리가 지금의 조류와 포유류에게 쓰는 의미의 정온동물은 아니었지만, 대사 효율을 높이는 한편으로 섭취한 먹이 중 더 많은 비율이 성장에 쓰이도록 하는 독특한 방식으로 높은 체온을 유지할 수 있었던 듯하다. 놀랄 일도 아니지만, 그 방식의 핵심을 이루는 것은 바로 크기였다. 동물이 더 크게 자랄수록, 몸속에서 생성되는 열은 부피(길이의 세제곱)에 비례하여 증가하는 반면, 체열 발산은 표면적(길이의 제곱)에 비례한다. 따라서 공룡의 커다란 몸집 자체는 수동적으로 높은 체온을 유지할 수 있었을 것이다. 최근에 용각류 뼈를 화학적으로 분석한 결과도 이 견해를 뒷받침한다. 그들이 현생 포유류와 거의 비슷하게 체온이 36~38°C였다고 말한다.

용각류에게 몸집은 포식자에게 맞서는 강력한 방어 수단이 되었다(코끼리는 표범을 거의 두려워하지 않는다). 그에 대응하여 포식자도 몸집이 점점 더 커지면서, 공룡 전체에 진화적 군비 경쟁이 시작되었다. 그 결과 이 무시무시한 파충류는 육지의 생태적 및 생리적 중심이 되었다. 초기 포유류는 공룡과 같은 생태계에 살았지만, 비슷한 커다란 몸집에 이르지 못했다. 대부분은 살아남기 위해서 밤에 돌아다니거나 나무나 굴에 숨어 있는 식으로 공룡의 눈에 띄지 않는 쪽을 택했다. 오늘날 많은 포유류 종도 그렇게 살아간다. 골리앗보다 다윗을 편드는 이들을 위해 한마디 하자면, 적어도 이 초기 포유류 중 일부는 공룡의 알을 먹었다.

우리는 공룡이 멸종했다고 생각하곤 하지만, 앞서 제시한 공룡의 정의를 받아들인다면 그 생각은 옳지 않다. 우리는 동네에서 살아 있는 공룡들을 본다. 참새, 지빠귀, 비둘기가 그렇다. 조류가 공룡 조상의 후손이라는 개념은 150년 전 T. H. 헉슬리^{T. H. Huxley}에게로 거슬러 올라간다. 그는 다윈을 가장 열렬히 지지한 인물이었다. 1868년 헉슬리는 이렇게 썼다. "파충류에서 조류로 가는 길은 공룡을 거친다. ……근원인 앞다리에서 날개가 자라났다." 헉슬리는 특히 조류의 뼈대와 트라이아스기 말과 쥐라기 초의 지층에서 발견되는 작은 공

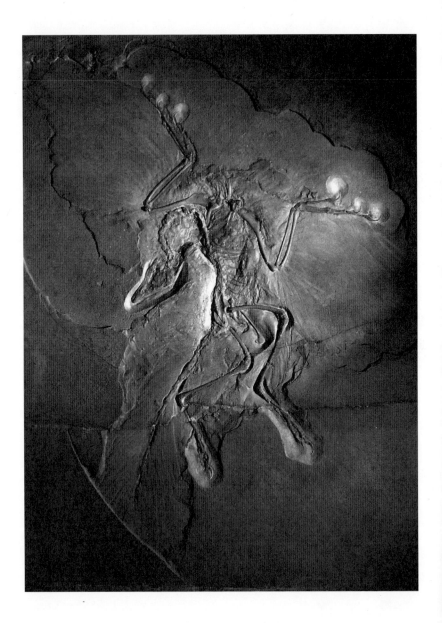

룡인 코엘로피시스^{Coelophysis}의 뼈대 사이에 보이는 해부학적 유사성에 주목했다.

중간 특징을 지닌 화석들도 그 견해를 뒷받침했다. 1855년과 1861년에 바이에른의 한 석회암 채석장에서 놀라운 화석이 발견되었다. 시조새^{Archaeopteryx}라는 이름이 붙여진 이 화석은 전반적인 뼈대 구조가 동시대의 작은 공룡의 것과 매우 비슷했지만, 앞다리 뼈가 날개처럼 펼쳐져 있었다(〈그림 6-6〉). 머리뼈는 조류의 부리와 비슷하게 변형되어 있었지만, 턱에는 아직 이빨이 줄줄이 나 있었다. 더욱 놀라운 점은 시조새가 깃털로 덮여 있었다는 것이다. (시조새 하면 으레 나오는 상징적인 표본은 베를린의 훔볼트 박물관에서 볼 수 있다. 루브르 박물관의 「모나리자」처럼 잘 보이는 곳에 방탄유리로 덮여서 전시되고 있다.) 어류-사지류의 전이 단계를 보여주는 틱타알릭처럼, 시조새는 진화 관점에서 볼 때 자신이 어디에서 왔고 어디로 가고 있었는지를 보여준다. 최근 수십 년 사이에 중국의 백악기 지층에서 조류와 가장 유연관계가 가까운 공룡들이 이미 깃털이 나 있음을 보여주는 새로

그림 6-6
아르카이옵테릭스 리토그라피카*Archaeopteryx lithographica*. 공룡과 조류를 잇는 놀라운 화석이다. 베를린 자연사 박물관에 있다.

운 화석들이 수십 점 발견되면서 공룡과 조류가 연결되어 있다는 견해를 더욱 강력하게 뒷받침하고 있다. 또 보존된 색소 분자 덕분에 우리는 이 조류 조상의 색깔 무늬까지 재구성할 수 있다. "온통 까맣고 하얗고 빨간 것은 무엇일까?"라는 오래된 수수께끼에 새로운 과학적 답을 제공한다. 초기 원시 조류가 긴 앞다리를 먹이를 잡는 데 썼을 수도 있지만, 그 앞다리는 이윽고 활공하고 더 뒤에는 능동적으로 나는 능력을 갖추는 쪽으로 진화했다. 중국에서 발견된 다양한 화석들은 비행하는 데 필요한 뼈대와 근육의 변형이 어떻게 일어났는지를 보여준다. 비행은 정복할 새로운 세계를 제공했다. 바로 하늘이었다. 가장 먼저 익룡이 하늘을 정복했고, 다른 작은 공룡들에게서도 조류와 독자적으로 날개가 진화했음을 보여주는 화석들이 최근에 발견되었지만, 가장 잘 해낸 쪽은 조류였다. 조류는 하늘을 정복했을 뿐 아니라(훨씬 뒤에 박쥐도 합류했다), 6,600만 년 전의 환경 재앙에서 살아남았다. 그러니 앵무새에게 말을 걸 때, 독수리의 우아한 모습에 감탄할 때, 닭고기를 먹을 때, 뒤뜰에서 까마귀를 내쫓을 때, 조류에게 존경심을 보이기를. 그들은 그럴 자격이 있다. 장엄한 공룡 계통의 생존자이니까.

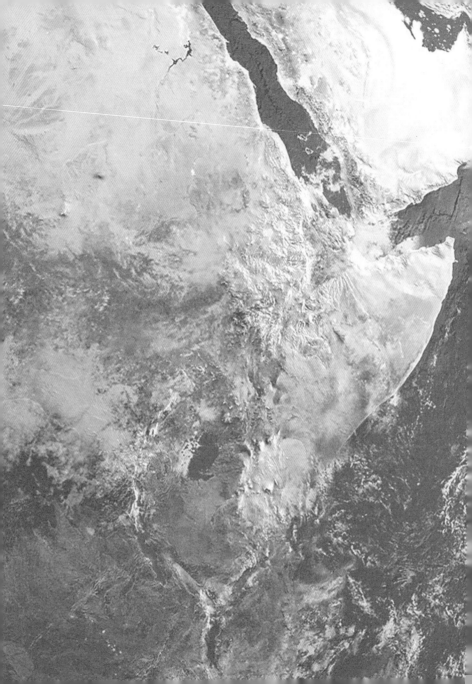

7

격변의 지구

멸종이 생명을 변모시키다

이탈리아 중부의 중세 도시인 구비오 인근에는 아펜니노산맥을 깊이 파고들어 간 좁은 골짜기가 하나 있다. 이 골짜기의 양쪽 벽에는 별 관심 없는 사람의 눈에는 아주 단조롭게 보일 수 있는 입자가 고운(세립질) 석회암들이 층층이 쌓여 있다. 오래전 깊은 해저에 쌓여서 생긴 것이다. 이 석회암에는 화석이 가득하다. 아니, 사실상 이 석회암은 주로 유공충이라는 원생동물과 코콜리스^{cocolith}(원석조류, 단세포로 이루어진, 물 위에 떠다니는 이끼류)라는 미세한 조류의 아주 작은 탄산칼슘 뼈대로 이루어져 있다. 그저 이 잔해들이 너무 작아서 눈에 띄지 않을 뿐이다. 이 암석에는 한 가지 신기한 특징이 있다. 알맞은 곳을 꼼꼼히 살펴보기만 하면 드러난다. 높이 수백 미터에 달하는 층층이 쌓인 석회암 지층의 어느 한 지점에, 탄산칼슘 광물이 전혀 들어 있지 않은 두께 1센티미터의 점토층이 있다(〈그림 7-1〉). 이 석회암 표본을 연구실로 가져와서 현미경으로 층들을 들여다보면 또 다른 수수께끼를 접할 것이다. 점토층 아래에서 발견되는 미화석 종들이 점토층 위의 지층에서는 거의 발견되지 않는다는 것이다.

구비오의 점토층은 백악기와 고제3기의 경계이자 중생대와 신생대의 경계를 나타낸다. 6,600만 년 전에 세워진 이 울타리를 사이에 두고 육지와 바다 양쪽에서 서로 뚜렷하게 다른 생물상이 나타난다. 해양 암석에서는 중생대를 재구성하는 데 쓰인 미화석 종들이 사라지고 없다. 거의 한순간에 사라진 양 보인다. 오징어의 친척으로서 중생대 바다에서 가장 풍부하고 다양한 육식동물에 속했던 암모나이트도 전멸했고, 다른 무수히 많은 종들도 마찬가지였다. 육지에서는 오랫동안 지상을 지배하던 공룡들이 모습을 감추었다. 구비오 점토층은 바로 그 순간을 가리킨다.

1970년대 말에 지질학자 월터 앨버레즈Walter Alvarez는 두꺼운 석회암 지층의 지자기 특성을 연구하기 위해서 구비오로 왔다가, 이 독특한 점토층에 흥미를 느꼈다. 그 층은 얼마나 긴 세월을 대변할까요? 월터는 물리학자이자 노벨상 수상자인 부친 루이 앨버레즈Luis

그림 7-1 이탈리아 구비오의 백악기─고제3기 경계. 월터 앨버레즈는 이 층을 연구하여 운석 충돌로 대멸종이 일어났다는 이론을 내놓았다. 오른쪽 아래의 하얀 석회암은 백악기 말에 쌓였다. 작은 유공충과 코콜리스의 다양한 뼈대가 들어 있다. 왼쪽 위의 불그스름한 석회암은 고제3기가 시작될 때 형성되었다. 여기에는 소수의 유공충과 코콜리스 종만 들어 있다. 양쪽 석회암 사이에는 고운 이암이 얇은 층을 이루고 있다. 이 층은 하얀 지층 위에 놓여 있으며, 많은 지질학자들이 흥미를 느껴서 표본을 채취했다.

Alvarez에게 물었다. 부친은 쉬운 문제라고 답했다. 작은 미소운석micro-meteorite은 대기를 뚫고 끊임없이 비처럼 쏟아져 내리며, 쏟아지는 양도 알려져 있었다. 이 하늘의 전령은 지표면에 드문 물질인 이리듐Ir 같은 원소를 지니고 있으므로, 점토층에 든 이리듐의 양을 측정한다면 쌓이는 데 걸린 기간을 계산할 수 있다고 했다. 월터는 화학자인 프랭크 애서로Frank Asaro와 헬렌 미셸Helen Michel과 함께 그 일을 했다. 이리듐 함량은 아주 높았다. 계산하면 점토층이 쌓이는 데 수백만 년이 걸렸을 것이 틀림없는 양이었다. 월터도 그렇게 알고 있었다. 그러나 그 답은 틀린 것이었다. 놀랍고도 경악할 수준으로 틀렸다는 것이 드러났다. 그리고 거기에는 중요한 교훈이 담겨 있었다.

점토층의 높은 이리듐 함량이 느린 속도로 오랜 세월에 걸쳐서 서서히 축적된 것이 아니라면, 다량의 이리듐이 빠르게 쌓였다고 보아야 했다. 그런 일은 커다란 운석이 충돌하여 일어났을 가능성이 가장 높았다. 앨버레즈 연구진은 그 운석의 지름이 11킬로미터에 달해야 한다고 계산했다. 그런 충돌은 지구 전체에 재앙을 일으켰을 것이다. 공룡을 비롯한 온갖 동물, 식물, 미생물을 멸종시킴으로써 고제3기의 새벽을 결코 보지 못하게 만든 재앙이었다.

1980년에 앨버레즈 연구진의 논문이 발표되자 큰 소동이 일었

다. 지지자들 못지않게 회의론자들도 쏟아져 나왔다. 논쟁은 10년쯤
지속되다가 자료가 쌓이면서 이윽고 앨버레즈 쪽으로 결정적으로 추
가 기울어지면서 끝났다(여담이지만, 1980년대에 월터는 하버드를 방문
했을 때 우리 집에 머물렀다. 나는 당시 네 살인 우리 딸 커스턴에게 "앨버레
즈 선생님은 공룡에 관심이 많으셔"라고 소개했다. 딸이 흥분하는 기색이었
기에 나는 슬쩍 떠보았다. "지금 살아 있는 공룡이 있을까?" "아니, 쯧쯧." 딸
은 내가 모르는 것이 딱하다는 투로 대꾸했다. "운석으로 다 죽었어." 월터는
소파에서 벌떡 일어나서, 심판이 터치다운을 알리는 것처럼 두 손을 위로 휙
추어올렸다. 아이들이 그 이야기를 받아들인다면, 과학자들도 따를 것이 확
실했다).

　　과학의 다른 문제들처럼, 앨버레즈 가설도 투표를 통해 결정된
것이 아니었다. 그 가설은 암석 기록에 이런저런 특징들도 보존되어
야 한다는 예측을 내놓았고, 전 세계의 지질학자들은 그것들을 찾아
나섰다. 이리듐은 전 세계의 그 경계층에서 비정상적으로 나타난 반
면, 더 오래되거나 젊은 지층에서는 나타나지 않았다. 그리고 곧 같은
시기에 쌓인 암석에서 충격 석영shocked quartz이라는 독특한 광물이 발
견되었다. 충격 석영은 일시적으로 온도와 압력이 높아지는 조건에
서만 형성된다. 거대한 운석이 충돌할 때 생기는 조건이다. 그리고 머

지않아 진정한 결정적 단서가 발견되었다. 바로 그 시기에 형성된 지름 200킬로미터의 거대한 운석 크레이터가 유카탄반도의 더 나중에 쌓인 퇴적층 아래 묻혀 있다는 것이 드러났다. 거의 1억 7,000만 년 동안 이어진 공룡의 진화는 격변으로 끝이 났다.

고생물학자에게 우리의 진화 이해에 기여한 화석이 무엇이냐고 묻는다면, 아마 공룡, 삼엽충, 거대한 석송 등 오래전에 사라진 생물들을 가리킬 것이다. 생물학적 가능성에 대한 우리의 인식 범위를 넓힌 그 생물들은 대멸종으로 사라지면서 생명에 심오한 여파를 미쳤다. 언제나 그런 식으로 이루어진 것은 아니었다. 20세기 중반에 이른바 신다윈주의 진화적 종합에 주도적인 역할을 한 고생물학자 조지 게일로드 심프슨George Gaylord Simpson은 1944년 『진화의 템포와 모드Tempo and Mode in Evolution』라는 많은 영향을 끼친 책을 썼다. 이 책에서 심프슨은 화석을 통해 정의되는 진화 패턴이 장기간에 걸쳐 작용하는 집단유전학을 반영한다고 주장했다. 그의 논증은 직설적이고 압도적이었다. 아무튼 신다윈주의 종합의 요점은 집단유전학을 자연선택, 따라서 시간의 흐름에 따른 진화적 변화의 근본 메커니즘으로 정립하는 것이었다. 그러나 집단유전학에 아주 결연하게 초점을 맞춤으로써, 심프슨은 지질학에서 나온 진화에 관한 핵심 교훈 하나를 빠뜨렸다. 지구는 역동적인 집단이 진화하는 수동적인 발판이 아니라는 것 말이다.

우리 행성 자체도 자신이 지탱하는 생물 집단 못지않게 역동적이다. 국지적이면서 일시적인 변화에서부터 지구 전체의 장기적인 변형에 이르기까지 다양한 규모에서 끊임없이 환경 변화가 일어나는 곳이다. 그리고 환경 교란으로 생물상이 단기적으로 급격한 충격을 받을 때, 종뿐 아니라 생태적 구조까지 붕괴할 수 있다. 집단유전학이 종 기원의 토대임은 분명하지만, 종의 존속은 흔히 지구의 환경 역동성에 좌우되곤 한다. 앞에서 여러 차례 언급했고 백악기 말의 사건이 명확히 보여주듯이, 현재 우리가 주변에서 보는 생물 다양성은 모든 면에서 집단유전학 못지않게 대멸종과 환경 변화의 산물이기도 하다. 신생대 지구에서 포유류가 다양하게 분화한 것은 집단유전학 덕분일 뿐 아니라, 백악기 말 격변에 공룡은 전멸한 반면 그들은 일부가 살아남은 덕분이기도 하다.

앨버레즈 가설은 대멸종에 고생물학적 관점을 부여하는 데 큰 기여를 했고, 거의 같은 시기에 모습을 갖추기 시작한 또 다른 연구도 이 관점에 더욱 추진력을 불어넣었다. 1970년대에 내가 대학원생이었을 때, 친구이자 동료인 잭 셉코스키[Jack Sepkoski]는 화석 생물의 다양성을 시대별로 집계하기 시작했다. 그런 시도를 잭이 처음 한 것은 아니었지만, 그는 놀라운 인내심과 집중력을 발휘하여 해양동물의 모든 목과 과, 더 나아가 속이 화석 기록에 언제 처음으로 나타나고 마지막으로 나타났는지를 상세히 조사하여 인상적인 데이터베이스를 구축할 수 있었다. (잭은 종까지는 집계하지 않았다. 종 수준의 기록은 퇴적층의 많고 적음과 채집자의 습관에 따라 편향될 가능성이 높다고 생각해서인데, 그 생각은 옳다.) 잭의 자료는 생물학적 다양화가 결코 순탄하게 진행된 과정이 아님을 보여주었다. 동물의 다양성은 캄브리아기와 오르도비스기에 늘어났지만, 오르도비스기 말에 급감했다. 그 뒤에 다시 늘어났다가 데본기 말에 다시금 급감했고, 이 주기를 세 번 더 되풀이했다. 백악기 말의 대멸종도 그중 하나였다. 지구의 생물상은 지난 5억 년 동안 총 5차례 대멸종을 겪었고, 그보다 덜한 멸종 사건도 6번 일어났다(〈그림 7-2〉).

언뜻 볼 때, 앨버레즈 가설은 셉코스키가 개괄한 다양성 변동에 일반적인 설명을 제공하는 듯했다. 아마 거대한 운석은 거대한 규모의 멸종을 일으키고, 더 작은 충돌은 더 작은 규모의 멸종을 일으킨 것이 아닐까? 단순한 설명이지만, 틀린 것으로 드러났다. 운석 충돌

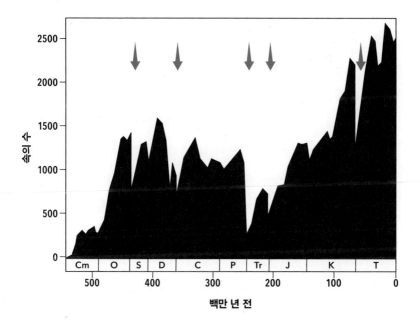

그림 7-2 잭 셉코스키가 공들여서 집계한 속 수준의 해양생물 다양성의 시대별 변동. 화살표는 지난 5억 년 동안 다양성이 5차례 급감한 순간을 가리킨다. "5대" 대멸종 사건이다.

에서 비롯되었다고 믿을 만한 사례는 백악기 말 멸종뿐이다.

알려진 대멸종 사건 중 백악기 말에 일어난 것이 아니라, 2억 5,200만 년 전 페름기 말에 일어난 것이 가장 규모가 컸다. 당시 해양동물 종의 90퍼센트 이상이 사라졌다. (이 두 대멸종 사건이 현생누대의 기 사이의 경계에 놓이는 것이 우연의 일치처럼 보일 수도 있지만, 결코 우연의 일치가 아니다. 19세기 고생물학자들은 화석을 토대로 지질 시대를 나누었는데, 페름기 말과 백악기 말에는 고생물학적 변화가 뚜렷이 나타났기에, 자연히 그 시기를 기준으로 지구 역사를 세분하게 되었다.)

페름기 말의 생물학적 격변은 중국 메이산^{Meishan}의 산비탈에 드러난 암석에 뚜렷이 새겨져 있다(〈그림 7-3〉). 이곳은 쉽게 찾을 수 있다. 지방 정부가 지질을 보존하고 전시하고 활용하기 위해 번드르르하게 지질공원을 조성했기 때문이다. 그러나 인공적으로 꾸민 것을 제쳐놓고 보면, 메이산의 암석은 섬찟한 이야기를 들려준다. 산비탈의 아래쪽에 드러난 석회암에는 후기 페름기 해양동물의 화석이 가

그림 7-3 중국 메이산에서 볼 수 있는 페름기-트라이아스기 경계. 오른쪽 아래의 겹겹이 쌓인 지층들은 후기 페름기의 석회암으로서 화석이 풍부하게 들어 있다. 그 위로 가면 갑자기 화석이 거의 보이지 않는 세립질 석회암이 나타난다. 이 퇴적암의 종류가 변한 시점에 해양동물 종의 약 90퍼센트가 멸종했다.

득하다. 완족류, 이끼벌레, 극피동물, 커다란 겉뼈대를 만드는 원생생물 같은 것들이다. 후기 페름기의 해안에서 헤엄을 칠 수 있었다면, 얕은 바다 밑에서 다양한 동물, 바닷말, 원생동물을 볼 수 있었을 것이다. 그러나 산비탈을 반쯤 올라가면 이런 화석들은 전혀 보이지 않는다. 모두 사라지고 없다. 칼날 두께만 한 지층이 나올 때 사라지고 없다. 그 뒤에 쌓인 암석에서는 이런 화석들이 전혀 보이지 않는다. 산비탈을 더 올라가면 작은 화석들이 조금씩 보이기 시작한다. 주로 조개와 고등 종류다.

나는 메이샨에서 이 양상을 처음 보았을 때, 일종의 존재론적 상실감을 느꼈다. 생명의 풍성함이 갑작스럽게 영구히 사라지니까. 대체 어떤 일이 일어난 것일까? 해답으로 나아가는 첫걸음은 메이샨 석회암 사이에 낀 얇은 화산재층들을 살펴보는 것이다. 2억 5,194만 1,000년(±3만 7,000년) 전과 2억 5,188만 년(±3만 1,000년) 전 사이의 멸종 시기에 쌓인 화산재층이다. 이 정확한 연대는 매우 중요하다. 대륙을 절반쯤 지난 곳에서 경이로운 지질학적 사건이 일어난 시기와 일치하기 때문이다. 바로 시베리아 트랩Siberian Trap이 분출한 시기다.

지질학계에서 "트랩"은 현무암이나 다른 검은 화산암이 대규모로 쌓여 있는 용암대지를 가리킨다. 대개 마치 계단처럼 층층이 겹쳐 올라가면서 쌓여 있다. 계단^{trappa}이라는 스웨덴어에서 유래했다. 우랄산맥 동쪽에 있는 시베리아 트랩은 하와이섬에서 흐르는 용암과 그리 다르지 않은, 현무암이 대규모로 쏟아져서 생긴 것이다. 시베리아 트랩의 분출한 양상은 오늘날 관찰할 수 있는 화산 분출과 비슷했을지라도, 규모는 엄청난 차이를 보인다. 현재 남아 있는 트랩은 넓이가 약 700만 제곱킬로미터에 달한다. 거의 호주만 하다. 두께는 대개 2,500미터를 넘으며, 부피는 400만 세제곱킬로미터에 달한다고 추정된다. 인류나 우리의 가까운 친척이 목격했을 그 어떤 화산 활동보다 100만 배 더 큰 규모다. 꼼꼼하게 방사성 동위원소 연대 측정을 하니, 이 엄청난 화산암의 대부분이 메이산에 기록된 멸종이 일어난 바로 그 시기에 분출했다는 것이 드러났다.

아시아 서부의 화산 활동이 중국에서 잘 보이지만 전 세계적으로도 관찰된 생물학적 격변과 어떻게 연결될까? 넓게 펼쳐져 있긴 해도 시베리아 트랩이 지구 전체나 지구의 상당 부분을 뒤덮은 것은 아니므로, 세계적인 멸종이 단순히 용암 분출을 반영하는 것은 아니다. 여기서 우리는 화산 활동이 얼마나 대규모로 일어날 때 지구 환경이 충격을 받을지를 물어야 한다. 화산 활동으로 국지적으로 용암이 흐를 때, 대량의 기체가 대기로 들어간다. 거기에는 앞서 살펴보았듯이 기후에 영향을 미치는 지질학적 주역인 이산화탄소도 많이 들어 있다. 페름기 말 화산 활동으로 대기와 바다의 이산화탄소 농도는 빠르게 7배까지 늘어났다.

20여 년 전에 친구인 리처드 뱀버치Richard Bambach와 나는 페름기 말 대멸종에 흥미를 느꼈다. 이미 다른 고생물학자들이 희생자와 생존자의 지질학적, 환경학적, 분류학적 특징들에서 의미 있는 패턴을 찾기 위해서 멸종 기록을 샅샅이 조사한 상태였다. 그래서 우리는 생리학적 측면을 살펴보기로 했다. 생물과 주변 환경 사이의 생물학적 경계면을 말이다. 특히 우리는 이산화탄소가 대량으로 대기로 주입될 때 생명이 어떻게 영향을 받을지에 초점을 맞추었다. 당시 우리는 시베리아에서 일어났던 그 화산 활동을 잘 모르고 있었고, 솔직히 말해서 처음에 우리에게 연구 동기를 부여한 멸종 모형 자체도 틀린 것이었다. 그렇긴 해도, 연구 결과는 유용하다는 것이 드러났다. 도서관에서 몇 달 동안 자료 조사를 해서 우리는 생리학자들이 수십 년 동안 연구실에서 실험을 통해 알아낸 것들을 파악했다.

이산화탄소는 고농도일 때 환경과 생리에 똑같이 영향을 미침으로써 많은 생물에게 해를 끼친다. 그러나 모든 종이 동일한 수준으로 반응하는 것은 아니다. 상대적으로 잘 견디는 종이 있는 반면, 유달리 취약한 종도 있다. 우리는 화석으로부터 합리적으로 추론할 수 있는 해부학적 및 생리학적 형질들의 목록을 작성한 뒤, 그 목록을 토대로 후기 페름기 해양동물을 두 집단으로 나누었다. 급속한 이산화탄소 증가에 더 잘 견딜 것이라고 예측되는 집단과 더 취약할 것이라고 예측되는 집단이었다. 페름기 말 멸종과 생존의 실제 양상은 우리 예측과 놀라울 만치 잘 들어맞았다. 즉 이산화탄소를 비롯한 화산 가스가 물리적 재앙과 생물학적 격변의 연결 고리임이 드러났다.

시베리아 트랩 화산 활동은 엄청난 양의 이산화탄소를 대기로 방출해서 온실 효과를 일으켰고 그 결과 지구 온난화가 일어났다. (시베리아 트랩은 드넓게 이탄이 쌓여 있던 지역을 뒤덮었기에, 유기물이 가열되면서 메테인CH_4도 대량으로 방출되어서 온실 효과를 더욱 부추겼을 수 있다.)

온난화가 일어나면서 바닷물에 녹을 수 있는 산소의 양이 줄어들었기에, 바다는 산소가 부족해졌다. 대기를 직접 접하지 않는 깊은 곳은 더욱 그랬다. 그리고 대기로 뿜어진 이산화탄소가 바닷물에 녹아들면서 바닷물의 pH(수소이온농도를 나타내는 지수. pH가 높으면 알칼리성을 띠고 pH가 낮으면 산성을 띤다)도 낮아져 "해양 산성화^{ocean} ^{acidification}"가 일어났다. 21세기의 지구 변화가 어떤 생물학적 결과를 낮을지를 이해하는 일에 앞장선 독일 생리학자 한스 오토 푀르트너 Hans Otto Pörtner 는 지구 온난화, 해양 산성화, 산소 고갈을 "죽음의 3인조"라고 부른다. 이 요인들은 개별적으로 생물상에 해를 끼칠 수 있을 뿐 아니라, 지구 체계에서 함께 나타나면서 상승효과를 일으킨다. 즉 각 요인은 다른 요인들의 효과를 더 악화시킨다. 이산화탄소 증가의 직접적인 생리적 효과인 고탄산혈증 hypercapnia 도 일어난다. 체내 이산화탄소 농도가 높으면, 산소를 온몸으로 운반하는 단백질이 산소 대신에 이산화탄소와 결합하므로, 산소 대사가 지장을 받는다.

이산화탄소가 연쇄적으로 일으키는 환경적 및 생리적 효과들은 무거운 탄산염 뼈대를 만들지만, 뼈대의 침착이 이루어지는 체액 자체를 변화시킬 생리적 능력은 한정되어 있는 동물에게서 가장 두드러지게 나타난다. 산호가 한 예다. 대조적으로 대사율이 높은—매일 높은 체내 이산화탄소 농도를 접하는—동물은 더 잘 견딜 것이다. 아가미나 허파로 기체 교환을 하고 잘 발달한 순환계를 지닌 동물들이 그렇듯이 말이다. 이 점을 염두에 두면, 연체동물, 어류, 절지동물이 상대적으로 잘 견딜 것이라고 예상할 수 있다. 페름기 말에 화산활동이 격렬해졌을 때, 해양생물은 진정으로 멸종하는 운명을 맞이했다. 고생대의 산호는 모두 사라졌다. 현재 바다에 있는 산호는 멸종 사건에서 살아남은 말미잘에게서 트라이아스기에 뼈대가 진화하면서 생겨난 것이다. 페름기 해저에 가장 널리 퍼져 있던 다양한 동물로서 생리학적으로 정착 생활을 하던 완족류는 거의 다 사라지고 일부만 남았다. 반면에 조개와 고둥은 비교적 잘 살아남았다. 우리의 생리학적 예측에 들어맞게, 어류는 비교적 멸종을 겪지 않았고, 오늘날 식탁에 오르는 새우, 게, 바닷가재로 대변되는 십각류는 페름기에서 트라이아스기로 넘어가면서 사실상 더 다양해졌다.

육지에서는 대부분의 동식물이 지구적인 변화의 영향을 받았지만, 아마 육지의 동식물은 해양 산성화나 산소 고갈을 겪지 않았고, 또 육상 종들이 온도 변화에 더 잘 견디므로, 장기적으로 볼 때 해양의 생물보다 피해를 덜 입은 듯하다. 종합하자면, 2억여 년 동안 대양의 특징이었던 생태계와 다양성은 붕괴했다. 외계의 영향 때문이 아니라, 맨틀에서 뜨거운 마그마가 마구 치솟아서 시베리아로 쏟아져 나왔기 때문이다. 생물은 트라이아스기에 다시 다양성을 회복했지만, 예전과 다른 생물들이 새로운 생태계를 구성했다. 대멸종은 고생대를 끝장내고 중생대를 열었다. 마찬가지로 백악기 말 격변은 중생대라는 책을 덮고서, 우리의 신생대 책을 펼쳤다.

시베리아 트랩은 종말을 떠올리게 하는 규모이지만, 지질학적으로 볼 때 유일무이한 것은 아니다. 맨틀의 열이 집중되면서 지상이나 해저로 대량의 용암이 분출한 사건은 지난 3억 년 동안 11번 일어났다. 적어도 한 차례의 또 다른 대멸종 사건과 몇 차례의 더 작은 규모의 멸종 사건은 이 현상으로 설명이 가능하다. 페름기 말에 대멸종을 겪은 뒤, 해양생물은 트라이아스기(2억 5,100만 년 전~2억 100만 년 전)에 다시 다양해지면서 수백만 년 사이에 새롭고 독특한 생태계를 형성했다. 그러나 트라이아스기는 시작될 때와 마찬가지로, 용암이 대규모로 분출되면서 끝이 났다. 이번에는 스코틀랜드 서해안의 핑걸의 동굴Fingal's Cave에서 뉴욕의 팰리세이즈를 거쳐서 모로코 아틀라스산맥의 검은 절벽까지 호를 이루는 지역에서 분출했고, 그때 흘러나온 엄청난 화산암이 현재 아마존 우림에 묻혀 있다. 이번에도 생물다양성은 급감했다. 트라이아스기 대양에서 생물들의 선택적인 멸종과 생존은 페름기에 일어난 일의 판박이였다. 산호초가 특히 심한 타격을 입었다. 바다에서 모든 속의 약 40퍼센트가 사라지고 종은 최대 70퍼센트가 사라진 것으로 추정된다. 페름기 말의 멸종에 비하면 덜하지만, 그래도 엄청나다. 육지에서는 트라이아스기에 다양해졌던 척추동물의 수가 화산 활동과 그보다 좀 더 앞서 일어났던 기후 요동으로 급감했다. 앞장에서 말했듯이, 트라이아스기 육상동물의 주류를 차지했던 다양한 악어류는 멸종한 반면, 공룡과 포유류의 조상은 살아남아서 그 뒤 중생대 생태계의 거인과 소인으로 자리를 잡았다.

그 뒤의 중생대 지질 기록에도 심해의 드넓은 해역이 수천 년 동안 산소 결핍 상태에 빠지는 일이 몇 차례 있었음을 보여준다. 그중 적어도 두 번은 대규모 화산 활동 및 멸종률 증가와 상관관계를 보인다. 약 1억 8,300만 년 전과 약 9,400만 년 전이었다. 이런 "소규모" 멸종 때에는 모든 해양생물 속의 15~20퍼센트가 사라졌다고 추정된다. 백악기 말에는 더욱 대규모 화산 활동이 있었다. 일부 과학자는 인도의 데칸 트랩Deccan Traps 화산 활동이 백악기 말에 환경을 교란함으로써 운석 충돌이 엄청난 영향을 끼칠 무대를 마련하거나 대기로 엄청난 양의 가스를 뿜어냄으로써 충돌의 효과를 더 악화시킴으로써, 대멸종에 기여했다고 본다. 용암의 방사성 동위원소 연대 측정 결과를 보면 앞의 견해를 지지하는 것도 있고, 뒤의 견해를 지지하는 것도 있다. 다행히도 대규모 화산 활동은 퇴적층에 독특한 화학적 지문을 남길 수 있으며, 이 지문은 데칸 화산 활동이 멸종 이전에 시작되었음을 보여준다. 그러나 지질학적 맥락에 상관없이, 인과 관계의 최종 판단은 화석이 내린다. 우리가 보는 백악기 말 멸종과 생존의 양상은 대규모 화산 활동과 관련이 있다고 믿을 수 있는 멸종의 양상과 닮은 점이 거의 없다. 이는 중생대 세계의 문을 닫는 데 운석 충돌이 중요한 역할을 했음을 강조한다.

나머지 두 차례의 대멸종은 둘 다 고생대에 일어났는데, 원인과 결과 면에서 독특하다. 5장에서 캄브리아기와 오르도비스기에 생물들이 다양해지면서 바다에 다양한 생태계가 조성되었다고 말한 바 있다. 그러나 그 다양성은 오르도비스기 말인 4억 4,500만 년 전에 붕괴했다. 그 멸종은 빙하기가 남반구를 중심으로 비교적 짧았지만(약 200만 년간) 극심하게 전개되었던 시기와 일치한다. 모든 해양동물 속의 절반 가까이가 사라졌지만, 생태계가 입은 피해는 제한적이었다. 세계가 회복되었을 때 해저 생물 군집은 멸종 사건이 일어나기 전과 거의 다를 바 없었다. 헤엄을 치면서 살아가던 종들은 더 심한 타격을 입었다. 삼엽충과 초기 척추동물은 다양성이 급감했다.

오르도비스기 말의 대멸종이 빙하가 널리 퍼진 시기와 일치한다는 점은 좀 의아하다. 지난 260만 년 동안 지구가 빙하기에 갇혀 있었어도(8장 참조), 적어도 해양 세계에서는 멸종이 심하게 일어나지 않았기 때문이다. 그렇다면 오르도비스기 말의 세계가 다를 수 있었던 요인은 무엇일까?

한 가지 요인은 해수면이다. 빙하의 물은 주로 바다에서 오므로, 얼음이 늘어날수록 해수면은 낮아진다. 가장 최근의 빙하기 때에는 약 130미터가 낮아졌는데, 오르도비스기 말에도 그리 다르지 않았다. 가장 최근에 빙하가 확장될 때 그랬듯이 처음부터 해수면이 낮았다면, 서식 가능한 해저의 상실도 그리 심하지 않을 것이다. 그러나 해수면이 높고 육지의 저지대 중 상당수가 얕은 바닷물에 잠겨 있었을 때 빙하가 대규모로 늘어난다면, 해수면이 낮아지면서 대륙을 덮고 있던 얕은 바다에서 물이 빠지면서 전 세계의 얕은 해저와 거기에 살던 생물들이 대규모로 사라질 것이다. 오르도비스기에 바로 그런 일이 일어났다.

또 한 가지 요인은 지리다. 기후가 변할 때 이주 경로가 이용 가능하다면, 집단은 더 서식하기 좋은 환경으로 옮겨갈 수 있다. 260만 년 전에 빙하가 확장될 때, 북아메리카 동부의 식물 종들은 멕시코만 주위로 옮겨감으로써 생존할 수 있었다. 반면에 유럽 북부의 식물들은 알프스산맥에 가로막혀서 상당수가 멸종했다. 얕은 바다에서는 이주 경로가 막힌 곳에서 가장 심하게 멸종이 일어났다. 예를 들어, 플로리다에서는 깊은 물 때문에 더 따뜻한 곳으로 이주하기가 어려웠다. (지금처럼 지구가 더워질 때 북극곰이 과연 어디로 이주할 수 있을 지 자문해보라.) 마찬가지로 오르도비스기 말에 적도의 산맥과 심해는 이주를 가로막았을 가능성이 높다. 이주 제한도 대규모 서식지 상실도 페름기 말 격변 때와 비슷한 방식으로 멸종이 치우쳐서 일어나게 하지 못한다. 그 점은 오르도비스기 말 대멸종 때 종들이 대규모로 사라졌음에도 생태계 구조는 대체로 유지된 이유를 이해하는 데 도움을 줄 수도 있다.

섭코스키의 "5대" 대멸종 사건 중 후기 데본기에 일어난 것이 가장 밝혀진 것이 적다. 꽤 긴 기간(3억 9,300만 년 전~3억 5,900만 년 전)에 걸쳐서 다양성이 줄어든 사건이다. 해저에 사는 완족류를 비롯한 생물들이 먼저 사라졌고, 이어서 산호초 건설자들, 마지막으로 물을 뿜으면서 헤엄치던 초기 두족류가 사라졌다. 신기하게도 데본기 다양성 감소는 멸종률에 비해 신종의 생성률이 낮았음을 반영하는 듯하다. 그래서 뱀버치와 나는 이 사건에 전형적으로 쓰는 대멸종이라는 말보다 "대량 고갈mass depletion"이라는 용어를 붙였다. 종 생성률과 관련된 이 다양성 상실은 몇몇 연구를 통해 드러났지만, 그런 일이 왜 일어났는지는 아직 연구가 덜 되어 있다.

저마다 다른 양상을 보이면서 반복되는 대멸종 사건들을 일반화할 수 있을까? 공통의 인과관계는 찾기 어렵다. 운석, 빙하기, 대규모 화산 활동으로 저마다 다르다. 생태적 충격도 일반화할 수가 없다. 멸종 사건마다 생태적 충격을 받는 양상이 다르다. 생태적 교란이 종 상실의 규모에 비례하는 사례도 있고, 그렇지 않은 사례도 있다. 그나마 공통점이라면, 환경 교란이 빠르게 일어났다는 것이다.

환경 교란의 속도도 규모 못지않게 중요했다. 환경 변화가 느릴 때 생물 집단은 변화하는 상황에 적응할 수 있지만, 빠를 때에는 적응이 어려울 수 있다. 후자일 때에는 이주하지 못하면 멸종하는 수밖에 없다. 대멸종은 지구 내에서 또는 태양계의 어딘가에서 일어나는 메커니즘을 통해 추진되는 일시적이지만 심각한 환경 교란을 반영한다. 대멸종은 짧은 기간에 일어나는 반면, 다양성을 복구하는 데에는 더 오래 걸린다. 화석은 주요 멸종 사건 뒤에 회복되기까지 수십만 년, 심지어 수백만 년이 걸린다고 말한다.

대멸종은 진화 역사를 빚어내는 데 분명히 주된 역할을 해 왔다. 현대 세계가 포유류로 가득한 것은 어느 정도는 공룡이 멸종했기 때문이다. 어류는 백악기 말 대멸종으로 암모나이트가 사라진 뒤에야 다양해졌다. 현재 산호초에 현대의 산호, 연체동물, 게가 있는 것은 그

들이 고대 산호초의 판상산호^{tabulate coral}, 완족류, 삼엽충과 경쟁해서

이겨서가 아니라, 대멸종으로 그런 집단이 전멸했기 때문이다. 우림

속을 돌아다니거나 산호초에서 스노클링을 할 때, 지구의 반복되는

대멸종의 생존자들을 보고 있다는 생각이 들 수도 있겠다.

그런 일이 다시금 일어날 수 있을까? 거대한 운석과 대규모 화

산 활동은 드물지만, 더 이상 없을 것이라고 생각할 이유는 전혀 없

다. 기원전 43년 알래스카에서 분출한 화산은 혹독한 겨울을 불러왔

고 유럽 전역의 작황을 망침으로써 로마 공화정의 몰락에 기여했다.

또 1815년에 인도네시아에서 탐보라 화산이 분출하면서 산꼭대기

가 날아가고 지역 주민 수천 명이 목숨을 잃었으며, 멀리 뉴잉글랜드

까지 "여름 없는 해"가 되었다. 그리고 폼페이 화산도 있다. (나폴리 자

체는 거의 4,000년 전에 분출한 화산의 잔해 위에 있다.) 대형 운석 충돌은

분명히 더 드물지만, 1908년 시베리아 퉁구스카에서 일어난 엄청난

폭발은 혜성이나 운석이 내려오다가 공중에서 분해되면서 벌어진 일

인 듯하다. 이 폭발로 인구가 드문(다행히도) 시베리아에서 약 8,000

만 그루의 나무가 쓰러졌다.

다행히도 지구를 황폐화할 정도의 대규모 화산과 대규모 충돌

은 수백만 년에 한 번 일어날까 말까 한 일이므로, 나는 그런 것들은

그다지 걱정하지 않는다. 그보다 훨씬 우려하는 것은 당신이 거리를 걸을 때 보는 것이다. 당신과 당신의 자녀가 살아가는 기간 내에 지구와 생명에 심각한 변화를 일으킬 수 있는 인류 집단 말이다.

8

인간 지구

한 종이 지구를 변형시키다

백악기 말, 격변의 약 6,600만 년 전 마지막 깜부기불이 꺼졌을 때, 우리 지구에는 새로운 장이 열렸다. 생존한 동식물은 거의 즉시 다양해지기 시작하면서, 수십만 년 사이에 육지에서 복원력 있는 생태계를 새롭게 형성했다. 지구는 그 뒤로 1,500만 년에 걸쳐서 점점 따뜻해져 갔다. 대기에 이산화탄소가 비교적 풍부해진 결과다. 알래스카에서는 야자나무가 번성했고, 북극권 캐나다에는 악어가 기어 다녔다. 공룡이 사라지자, 포유류는 새로운 방향으로 다양해지면서 육상 군집의 주된 구성요소가 되었다. 그중 특히 관심의 대상은 열대림 나무 위에 살면서 아마도 곤충을 먹었을 안경원숭이 비슷하게 생긴 작은 동물이었다. 최초의 영장류, 우리의 조상이었다.

신생대 내내 생명과 환경은 조화를 이루면서 변화했다. 앞서 초대륙 판게아가 쪼개지면서 시작되었던 대륙들의 이동은 계속 이어졌다. 대서양은 대폭 넓어졌고, 로키산맥, 알프스산맥, 히말라야산맥이 장엄하게 높이 솟아올랐다. 솟아오른 산맥은 풍화 속도를 높임으로써 대기로부터 이산화탄소를 제거했고, 이동하는 지각판들은 바다에서 바닷물의 순환 방향을 바꾸었다. 그 결과 지구는 이윽고 식기 시작했다. 야자, 악어 등 따듯한 곳을 좋아하는 종들은 고위도로부터 물러났고, 대륙 내부에서는 초원이 숲을 대체하기 시작했다. 3,500만 년 전에 빙하가 남극대륙 전체로 퍼지기 시작했다.

이 역동적인 물리적 환경에서 영장류는 각지로 퍼져 나가면서 여우원숭이, 안경원숭이, 원숭이, 우리 계통인 유인원 등 다양한 집단으로 분화했다. 이제 700만 년 전~600만 년 전으로 가자. 지구가 식으면서 지구가 다시 빙하기로 빠르게 들어서고 있던 시기다. 아프리카에서는 내륙이 건조해지면서 울창한 숲이 나무가 성기게 난 소림지나 초원으로 점점 바뀌었고, 이런 서식지 변화의 영향으로 새로운 대형 유인원 계통이 가장 가까운 친척 계통, 오늘날 침팬지와 보노보로 대변되는 계통과 갈라졌다. 호미닌, 혹은 사람족hominin이라고 하는 이 새로운 유인원은 대체로 침팬지와 비슷했다. 키가 작고 뇌도 작고, 입이 주둥이처럼 튀어나와 있고, 나무 위에서 돌아다니기 알맞게 긴 팔에 길게 굽은 손가락이 달려 있었다. 그러나 사람족은 한 가지 중요한 측면에서 다른 대형 유인원들과 달랐다. 바로 곧추서서 걸을 수 있었다는 것이다.

대형 유인원 중 인간만이 똑바로 서서 걸으며, 이런 자세와 이동

방식은 일련의 해부학적 적응 형질 덕분에 가능해졌다. 아래쪽이 휘어진 등뼈를 통해서 곧추선 몸통의 균형 잡기, 걷는 데 필요한 근육들이 잘 배치되도록 재구성된 골반, 머리가 몸통 바로 위에 놓이도록 수직으로 뻗은 목, 발등이 도드라지게 튀어나온 아치형 발이 그렇다. 우리는 이런 특징들을 지니고 있으며, 최초의 사람족도 어느 정도 그러했다. 이 조상들은 700만 년 전~600만 년 전의 지층에 든 단편적인 뼈대들을 통해 알려졌는데, 우리의 이해에 가장 큰 기여를 한 것은 에티오피아의 440만 년 된 지층에서 발견된 젊은 여성의 잘 보존된 뼈대였다. 아르디피테쿠스 라미두스*Ardipithecus ramidus*, 줄여서 아르디라는 이름이 붙은 이 뼈대는 인간과 침팬지의 공통 조상이 지녔을 법한 여러 특징들을 보여준다. 아르디는 나무 위에 살았기에 나무를 잘 기어오를 수 있었다. 그러나 나무 위가 아닌 소림지에서도 열매 등을 찾아 먹었다. 찰스 다윈이 100여 년 전에 처음 주장했듯이, 인류 조상은 두 발로 서서 걷게 되면서 손을 다른 용도로 쓸 수 있게 되었다. 시간이 흐르자 그 손으로 도구를 만들고 쓰게 되었다. 따라서 아르디와 친척들은 두발보행을 함으로써 우리로 이어지는 길로 들어섰다(〈그림 8-1〉).

　　아르디의 시대로부터 조금 더 뒤에 새로운 사람족 집단이 출현

인류

현재

호모 사피엔스

1
백만 년 전

■ 데니소바인

호모 플로렌시엔시스

■ 호모
네안데르탈렌시스

■ 호모 안테케소르

■ 호모
하이델베르겐시스

2
백만 년 전

■ 호모 에렉투스

■ 호모 날레디

■ 호모
루돌펜시스

■ 호모 하빌리스

3
백만 년 전

4
백만 년 전

5
백만 년 전

■ 아르디피테쿠스 라미두스

6
백만 년 전

■ 아르디피테쿠스 카다바

초기 사람족

■ 오로닌 투게넨시스

7
백만 년 전

■ 사헬란트로푸스 트카덴시스

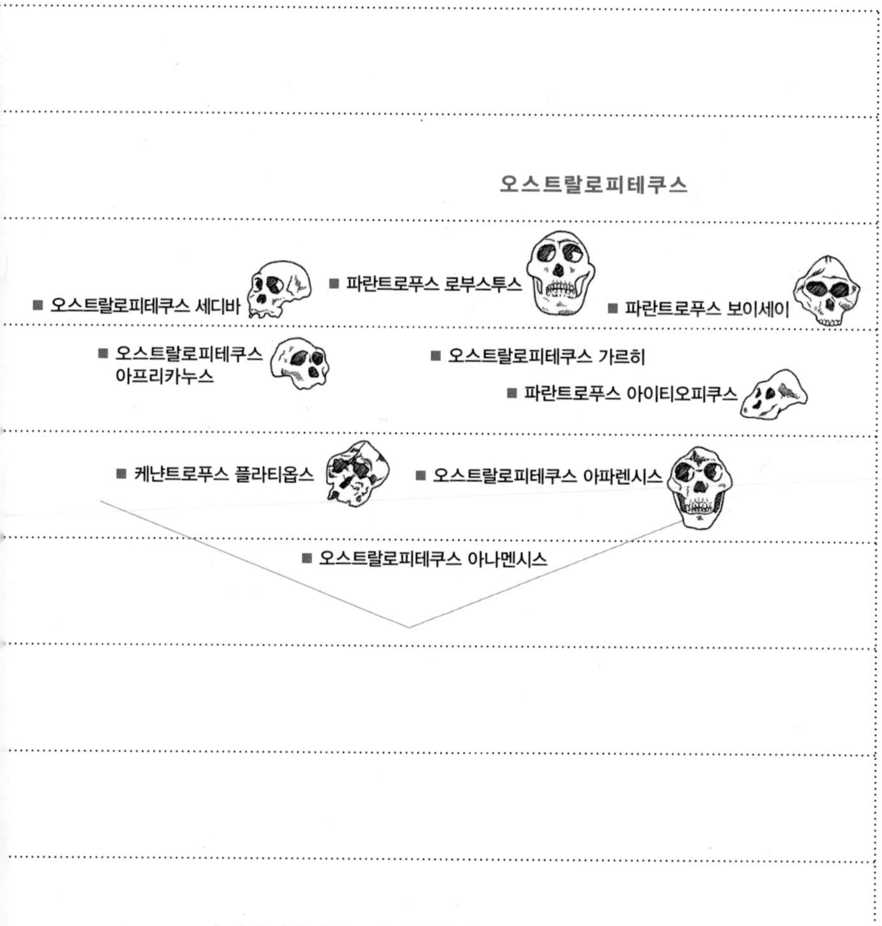

오스트랄로피테쿠스

■ 오스트랄로피테쿠스 세디바

■ 파란트로푸스 로부스투스

■ 파란트로푸스 보이세이

■ 오스트랄로피테쿠스
아프리카누스

■ 오스트랄로피테쿠스 가르히

■ 파란트로푸스 아이티오피쿠스

■ 케냔트로푸스 플라티옵스

■ 오스트랄로피테쿠스 아파렌시스

■ 오스트랄로피테쿠스 아나멘시스

그림 8-1 700만 년에 걸친 사람족의 다양성. 인류는 이 다양했던 집단에서 살아남은 유일한 계통이다.

했다. 오스트랄로피테쿠스^{Australopithecus}라는 이 유인원은 최초의 사람족을 닮았지만, 인류로 향하는 진화 경로로 좀 더 나왔음을 보여주는 중요한 차이점들을 지녔다. 우리는 그들이 실제로 얼마나 다양하게 분화했는지를 알지 못하지만, 현재까지 약 12종이 알려져 있으며 모두 아프리카에 살았다. 오스트랄로피테쿠스의 뼈는 비교적 흔히 발견되지만, 유달리 주목을 받은 뼈대가 하나 있다. 루시^{Lucy}는 아마 사람족의 원인 중에서 가장 유명할 것이다. 에티오피아의 320만 년 된 지층에서 발견된 이 뼈대에는 당시 유행하던 비틀스의 노래 제목인 "다이아몬드가 박힌 하늘의 루시$^{Lucy\ in\ the\ Sky\ with\ Diamonds}$"에서 딴 이름이 붙었다. 루시는 침팬지와 아르디만 했지만, 뇌가 유달리 더 컸다. 루시도 나무 위에서 우아하게 돌아다녔지만, 넓게 벌어진 엉덩이, 아치형 발, 짧고 굵은 엄지발가락은 이전의 사람족들보다 더 편하게 두 발로 걸었음을 시사한다. 루시는 치아도 독특했다. 오래 씹는 데 알맞은 커다란 어금니가 나 있었다. 고인류학자들은 루시와 그 친족이 침팬지와 더 이전의 사람족보다 과일을 덜 먹고 소림지에서 단단한 덩이뿌리, 씨, 잎, 줄기를 더 많이 먹었다고 본다.

오스트랄로피테쿠스의 생물학적 특징을 말해주는 증거가 두 가지 더 있다. 1976년 메리 리키$^{Mary\ Leakey}$는 탄자니아의 약 370만 년 된 지층에서 놀라운 발자국을 발견했다. 젖은 화산재 위를 남성과 여성, 아이 한 명씩이 걸어가면서 찍힌 이 발자국은 27미터까지 나 있고, 이후 화산재에 더 뒤덮임으로써 보존되었다. 생물학자들은 우리가 진흙에 남긴 발자국으로부터 걸음걸이에 관해 꽤 많은 것을 알아낼 수 있다. 탄자니아의 발자국은 오스트랄로피테쿠스가 잘 걸었음을 보여준다. 즉 그들은 나무 위보다 땅에서 더 많은 시간을 보냈던 듯하다.

두 번째 증거도 마찬가지로 놀랍다. 케냐의 330만 년 된 지층에 보존된 도구로서, 현재 가장 오래된 것이라고 알려져 있다. 이 도구는 오스트랄로피테쿠스(어느 종인지는 모르지만)가 크고 단단한 돌을 깨서 가장자리가 날카로운 조각을 떼어내 도구로 썼음을 보여준다. 1957년 영국 인류학자 케니스 오클리Kenneth Oakley 는 『도구 제작자인 인간Man the Toolmaker 』이라는 책을 썼다. 그 책은 사람들의 생각에 많은 영향을 끼쳤다. 그저 주변에 있는 물체를 단순한 도구로 이용하는 종들도 있긴 하지만, 용도가 저마다 다른 다양한 도구를 고안하고 만드는 능력을 지닌 동물은 인간뿐이다. 케냐의 도구는 단순한 것이긴 하지만, 우리 종이 출현하기 오래전에 이미 자동차, 컴퓨터, 프리스비로 이어질 진화 경로가 시작되었음을 보여준다.

호모 사피엔스, 즉 우리는 사람속*Homo*의 유일한, 아니 사람족 중에서 현재 유일하게 살아 있는 종이다(〈그림 8-1〉). 화석을 기준으로 삼으면, 사람속에는 적어도 13종이 더 있었는데(그중 11종은 정식으로 학명이 붙었다) 지금은 모두 사라졌다. 약 200만 년 전부터 우리의 가장 가까운 친척들은 앞서 그들의 사람족 선조들이 그랬던 것처럼, 아프리카에서 다양하게 분화하기 시작했다. 사람속의 조상 중에서 가장 잘 알려진 종은 호모 에렉투스*Homo erectus*로서, 190만 년 전부터 약 25만 년 전까지의 지층에서 뼈가 발견된다. 호모 에렉투스는 수가 많았기에 지층에 보존된 뼈가 많을뿐더러, 두 가지 점에서 두드러진다. 첫째, 해부 구조상 오스트랄로피테쿠스와 현생 인류의 중간에 놓인다. 뇌가 우리의 것보다는 작지만 루시의 것보다는 크고, 뼈대도 루시의 것보다 사람에 더 가깝다. 둘째, 이전의 다른 모든 사람족 종들과 달리, 호모 에렉투스는 아프리카뿐 아니라 유라시아 전역에서 번성했다. 이 무렵에 우리 조상들은 완전히 땅 위로 내려와서 사냥하고 채집하면서 살고 있었다. 동물의 뼈에 난 베인 자국들은 그들이 먹이를 도살했음을 보여준다. 지구가 완전히 빙하기로 들어섰을 이 무렵에 그런 먹이는 중요한 영양 공급원이었다. 지금의 수렵채집인들처럼 이 조상들도 식량을 공유했을 가능성이 매우 높으며, 그런 습성은 집단을 사회적으로 단합시키는 데 기여했을 것이다.

호모 사피엔스의 가장 오래된 화석은 모로코의 30만 년 된 지층에서 나온 것이다. 이 화석보다 조금 일찍부터 새로운 정교한 도구를 만드는 문화가 있었고 불을 널리 이용했다는(그리고 통제했다는) 증거가 나온다. 따라서 우리 종은 새로운 기술을 지닌 채 출현했다. 아마 좀 놀랍겠지만, 빙하기 지구에서 우리의 직계 조상이 살고 있을 때 사람속은 적어도 세 종이 더 있었다. 가장 잘 알려진 종은 네안데르탈인으로서, 종종 야만인으로 묘사되곤 하지만 사실 그들은 다양한 도구와 우리보다 큰 뇌를 지닌 뛰어난 수렵채집인이었다. 그 스펙트럼의 반대쪽 끝에는 호모 플로렌시엔시스$^{Homo\ florensiensis}$가 있다. "호빗"이라는 별명이 붙은 이 몸집이 작은 종은 최근에야 인도네시아에서 화석이 발견되었다. 그리고 데니소바인^{Denisovian}은 시베리아의 3만~5만 년 된 동굴에서 발견된 손가락뼈 하나의 DNA 분석을 통해서 새로운 종임이 드러났다. 지금은 데니소바인뿐 아니라 네안데르탈인의 화석에서 유전체를 재구성하고 있으며, 유전체 분석 결과는 현생 인류, 네안데르탈인, 데니소바인이 서로 가까운 친척일 뿐 아니라, 먼 과거에 이 세 종 사이에 상호 교배가 이루어지곤 했다는 것도 보여준다. 대부분의 사람은 DNA에 네안데르탈인 유전자를 조금 지니고 있다. 멜라

네시아인, 호주 원주민, 일부 아시아 집단은 데니소바인에게서 유래한 유전자도 지닌다. 역사는 우리 유전자에 살아 있다.

초기 현생 인류는 아프리카에서만 살았지만, 10만여 년 전에 한 집단이 더 넓은 세계로 첫발을 내디뎠다. 그들은 지금의 이스라엘 지역에서 네안데르탈인과 함께 살았다. 그러다가 7만 년 전~5만 년 전에 우리 종은 아시아와 유럽 전체로 빠르게 퍼졌다. 이 용감한 정착자들은 어떤 이들이었을까?

독일 튀빙겐의 고대 문화 박물관 깊숙한 곳에 자리한 창문도 없는 방에는 보석처럼 반들거리는 상아로 깎아 만든 작은 동물상들이 있다(〈그림 8-2〉). 독일 남서부의 한 동굴에서 발견된 이 조각상들은 매머드, 말, 대형 고양이류 등의 모습을 놀라울 만치 생생하게 포착하고 있다. 약 4만 년 된 이 조각상들은 가장 오래된 재현 미술 작품에 속한다. 인근 동굴에서는 마찬가지로 매머드의 상아로 만든 여성 인물상이 발견되었다. 가장 오래된 동물상과 거의 같은 시기에 만들어진 가장 오래된 인물상이다. 그리고 구대륙 전역에서 이 초기 조각가

그림 8-2, 3 인류의 대도약: 약 4만 년 전 매머드 상아를 깎아 만든 절묘한 동물상(〈그림 8-2〉)과 인도네시아에서 약 4만 4,000년 전에 그려진 가장 오래된 동물 벽화(〈그림 8-3〉).

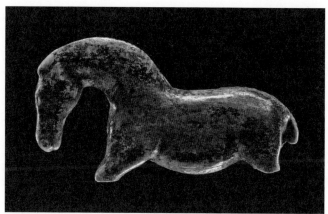

8-2

8-3

들과 동시대 사람들은 동굴의 벽에 동물과 아마도 영혼까지 절묘하게 묘사한 그림을 그리기 시작했다. 가장 오래되었다고 알려진 동굴 벽화는 인도네시아에 있으며, 약 4만 4,000년 전에 그려졌다. 벽에 반인반수로 묘사되어 있는 사냥꾼의 모습은 그들이 미술뿐 아니라 영혼 개념도 지니고 있었음을 시사한다(〈그림 8-3〉). 이 시기의 도구들도 새로운 기술 혁신을 보여준다. 석기가 대량 생산되었고, 뼈를 섬세하게 다듬어서 송곳, 바늘, 피리도 만들었다. 이런 오래된 뼈를 토대로 그들이 언어를 썼는지 여부를 추론할 수는 없지만, 우리는 언어라는 인류의 주요 속성도 이 시기에 발달했을 것이라고 추정할 수 있다. 왜 이 시기에 이런 변화가 일어났는지는 잘 모르지만, 고인류학자 대니얼 리버먼^{Daniel Lieberman}은 "사람들이 좀 다르게 생각하고 행동하고 있었다"라고 표현했다. 그리하여 마침내 인류에게 현대^{modern}라는 수식어가 붙게 되었다.

플라톤의 이야기에 따르면—에이드리엔 메이어^{Adrienne Mayor}의 흥미로운 책 『신과 로봇^{Gods and Robots}』에 상세히 나와 있다—신들은 동물을 창조했을 때, 각 동물에 능력을 부여하는 일을 프로메테우스와 에피메테우스라는 두 거인족에게 맡겼다. 특히 에피메테우스는 그 일을 즐겼고, 치타에게는 빨리 달리는 능력을, 게에게는 갑옷을,

코끼리에게는 커다란 몸집을 부여했다. 불행히도 사람은 그 줄의 맨 뒤에 서 있었기에, 사람의 차례가 왔을 때 에피메테우스는 이미 좋은 능력들을 동물들에 다 나누어준 상태였다. 그때 프로메테우스는 사람에게 넓은 세계에서 살아갈 능력을 갖추어줄 필요가 있음을 알아차리고서, 대신 나서서 언어, 불, 기술의 능력을 사람에게 부여했다. 모두 신들에게서 훔친 능력이었다. 혹할 만한 이야기이며, 실제로 인류학자들이 인간을 보는 관점과 그리 다르지 않다. 언어, 불 제어 능력, 도구 제작 능력을 갖춤으로써 인류는 동물계의 다른 종들과 다른 길을 걷기 시작했다.

우리 조상들이 아프리카의 변화하는 환경에 적응했듯이, 환경 변화가 우리 현생 인류의 진화에 관여했다는 데에는 의문의 여지가 없다. 그러나 장기간에 걸친 지구 역사를 보면, 생물은 단순히 환경에 반응하는 것이 아니다. 생물은 환경을 변모시키는 데 기여하며, 인간도 이 점에서는 다를 바 없다. 물론 우리가 다르긴 하지만, 그 차이는 우리가 지구에 별 영향을 미치지 못해서가 아니다. 우리가 미치는 영향이 너무나 커서 그렇다. 호모 사피엔스는 출현한 이래로 죽 주변 세계를 변모시켜 왔으며, 지금은 유례없는 방식으로 그렇게 하고 있다. 지구와 생명이 장기적으로 연주하는 교향적 무곡의 최신 악장인 셈이다.

2만 년 전 북아메리카의 북쪽 절반은 드넓게 펼쳐진 빙하로 덮여 있었다. 빙하의 남쪽 가장자리는 오늘날 매사추세츠주 케이프코드쯤부터 몬태나에 걸쳐 뻗어 있었고, 그 밑으로 펼쳐진 툰드라, 스텝, 침엽수림에는 놀라우리만치 다양한 포유류가 살고 있었다. 매머드와 마스토돈, 털코뿔소, 동굴곰, 다이어늑대, 동굴사자, 칼이빨호랑이, 말, 낙타, 땅늘보, 소형차만 한 아르마딜로인 글립토돈도 살았다. 하지만 1만 년 전쯤에 이들은 모두 사라진 상태였다. 무슨 일이 일어난 것일까?

빙하는 약 1만 5,000년 전에 녹기 시작했고, 한 차례 마지막 추위가 짧게 찾아온 뒤, 약 1만 3,000년 전부터 1만 년 전 사이에 지구는 빠르게 따뜻해졌다. 그리하여 지금의 간빙기가 시작되었다. 이 시기를 "후빙기"가 아니라 "간빙기"라고 부르는 이유는 지난 100만 년 동안 지구가 태양을 공전하면서 일어나는 주기적인 변화에 따라서 10만 년을 주기로 빙하로 뒤덮이는 추운 시기와 따뜻한 간빙기 사이를 오갔기 때문이다. 현재의 온난한 시기가 앞으로 다시금 새로운 빙기에 밀려날 운명인 간빙기가 아니라고 믿을 이유는 전혀 없다. 적어도 인류가 산업화를 일으키기 전까지는 그렇게 생각할 이유가 전혀 없었다.

1만 3,000년 전~1만 년 전 북아메리카가 온대 기후대에 들어감에 따라서 식물들은 북쪽으로 이주했고, 그럼으로써 오늘날 보는 것과 다른 군집이 형성되었다. 많은 과학자들은 환경 변화와 낯선 식생 때문에 포유류 개체군이 급감했다는 가설을 제시했다. 환경 스트레스가 정말로 포유류 멸종의 무대를 마련했을 가능성도 있긴 하지만, 그 이전에 100만 년 동안 비슷한 기후 변동이 되풀이하여 일어났음에도 종이 대폭 줄어드는 현상은 나타난 적이 없었다. 그러니 다른 무언가가 있었던 듯하다.

그 무언가란 바로 호모 사피엔스였다. 인류는 오래전부터 아프리카와 유라시아에 살고 있었지만, 신대륙에 들어간 것은 마지막 빙하기가 수그러들 무렵이었다. 최근에 고고학자들은 1만 6,500년 전~1만 6,300년 전에 아이다호의 샐먼강 주변에서 인류가 살았다는 증거를 찾아냈다. 아마 아시아 동북부로부터 최초로 이주한 이들이 태평양 연안을 따라서 내려간 흔적일 것이다.

우리가 클로비스인^{Clovis}—처음에 뉴멕시코의 클로비스 인근에서 발견되었기에—이라고 부르는 이 집단은 빠르게 퍼져나갔고 새롭고도 정교한 석기를 갖추었다. 대형 포유동물은 바로 그 직후에 사라졌다. 클로비스 문화와 사냥의 관계를 보여주는 살육과 도살이 이루어진 장소들이 많이 발굴되었다. 이는 인간이 북아메리카에서 대형 포유류 종들을 없애는 데 주된 역할을 했음을 시사한다. 거의 틀림없이 사냥과 환경 변화가 둘 다 관여했겠지만, 인류가 없었다면 그 대륙의 동물상은 아마 지금과 달랐을 것이다. 호주에서도 5만 년 전~4만 년 전 인류가 들어오면서 비슷하게 토착 동물들이 멸종하는 일이 벌어졌다. 대조적으로 시베리아 북부 축치해의 외딴 무인도인 랭걸섬에는 약 4,000년 전까지 매머드가 살고 있었다. 이집트 파라오가 그곳에 매머드가 있다는 것을 알았다면, 아마 포획하여 축제 행렬에 썼을지도 모른다.

그러니 인류는 일찍부터 생물학적 지구에 영향을 미치기 시작했고, 우리가 끼치는 영향은 시간이 흐를수록 가속되었을 것이다. 두 번째이자 궁극적으로 결정적인 역할을 하게 될 영향은 약 1만 1,000년 전 이스라엘과 요르단에서부터 북쪽으로 시리아, 터키, 이라크까지 뻗어 있는 초승달 모양의 지역에서 일어났다. 이곳에서 인류는 무화과, 호밀, 병아리콩, 제비콩을 기르고 수확하는 법을 배움으로써 최초로 농사를 지었다. 1,000년이 지나는 사이에 인류는 양, 염소, 돼지,

소도 길들였다. 사실 농경은 중국(9,000년 전), 중앙아메리카(1만 년 전), 안데스산맥(7,000년 전), 아프리카 사하라 이남(6,500년 전) 등 세계의 몇몇 지역에서 독자적으로 발전했다. 지금은 농경이 사냥과 채집을 대체함으로써 오히려 일은 더 많이 하면서 영양 섭취량은 줄어들고 식량 사정도 더 불안정하게 되었다고 보는, 즉 이 문화적 전환을 한탄하는 관점이 유행하고 있다. 아마 그럴지도 모르지만, 스마트폰을 쓰고 영화를 즐기고 암에 걸리고도 살아남는 우리 같은 이들은 농업 혁명이 일으킨 사회적 재편의 덕을 보고 있다고도 할 수 있다. 더 적은 사람들로 더 많은 식량을 생산할 수 있게 되면서, 다른 이들은 예술, 발명, 상업을 추구할 수 있게 되었으니까.

　물론 경작지와 목초지가 늘어남에 따라서, 인류가 자연에 미치는 영향도 비례하여 증가했다. 사람들은 모여서 마을을 이루었고, 몇몇 마을은 도시로 발달했다. 인구가 증가했고, 상거래가 확대되었다. 앞서 말했듯이, 인류의 환경 발자국은 처음에는 천천히 늘어났다. 당신이 예수가 살던 시대에 살았거나 그로부터 1,000년 뒤에 살았다고 해도, 당신의 삶이, 아니 사실상 인류 전체가 지구에 미치는 영향은 대체로 거의 비슷했을 것이다. 그 기간에 세계 인구는 약 2억 명으로 거의 변함이 없었다. 그러나 인류가 발밑에 묻힌 에너지 자원을 이용하는 법을 배움에 따라서, 인구, 기술 혁신, 환경 영향의 궤적은 급격한 상승 곡선을 그리기 시작했다. 200년도 채 지나지 않아서, 인류는 말의 힘과 증기에서 휘발유와 제트유로 넘어갔다. 인구는 1800년경에 10억 명을 넘었고, 1930년에는 29억 명, 1975년에는 40억 명에 다다랐다. 물론 2030년대에는 80억 명에 다다를 것이다. 그리고 인구가 늘어나는 가운데, 각 개인이 미치는 환경 영향도 놀라울 만치 커졌다. 화석 연료는 19세기부터 쓰였지만, 제2차 세계대전 이후로 사용량이 거의 10배 늘었다.

산업 혁명은 몇 가지 측면에서 인류의 황금기를 열었다. 공중 보건과 번영의 혜택이 설령 균등하게는 아닐지라도 전 세계로 퍼지면서 인구는 빠르게 늘어났다. 그러나 70억 명이 넘는 인구를 먹이고 입힐 수 있도록 한 바로 그 혁신은 현재 지구를 점점 더 빡듯하게 쥐어짜고 있다. 이 압력은 두 방향에서 나온다. 생물이 직접적으로 받는 효과와 지구의 물리적 환경이 점점 더 강하게 받는 영향이다. 직접적인 효과의 두드러진 사례를 하나 꼽자면, 농경은 현재 지구의 서식 가능한 표면의 절반을 차지하고 있다. 한때 그 땅에서 번성했던 식물, 동물, 미생물을 대체하면서다. 또 우리는 공기와 물, 흙과 바다에 영향을 미침으로써, 오염을 통해 자연 생태계에 해를 끼치고 있다. 물론 오염은 인도 델리의 공기를 숨 쉬기 어렵게 만들거나 미시간주 플린트 지역의 물을 마실 수 없게 만드는 등 사람에게도 피해를 준다. 또 자연 군집의 다양성, 생산성, 생태 복원력도 훼손한다. 영향을 받지 않는 생태계가 거의 없을 정도다.

멕시코만을 비롯한 연안 해역에서 나타나는 "죽음의 해역 dead zone"이라는 불길한 이름을 지닌 곳들은 이 점을 잘 보여준다. 북아메리카 중부 전역에서 농민들은 밀과 옥수수밭에 원하는 만큼 비료를 뿌려대고 있다. 비료는 작물 수확량을 늘리지만, 식물에 흡수되어 생장에 쓰이는 비율은 적다. 나머지는 빗물과 끌어올린 지하수에 씻겨서 강으로 흘러들며, 이윽고 강어귀를 통해서 멕시코만 같은 곳으로 버려진다. 멕시코만으로 들어간 비료는 이윽고 자신이 맡은 일을 한다. 계절에 따라 조류의 대발생을 촉진한다. 불어났던 조류는 이윽고 해저로 가라앉아서 세균에 분해되는데, 워낙 양이 많기에 그 과정에서 세균의 호흡으로 물속에 녹아 있던 산소가 고갈된다. 성장과 대사에 필요한 산소가 고갈됨에 따라서, 해저와 그 주변에 사는 동물들은 몰살당한다. 1988년 멕시코만에 죽음의 해역이 있음이 처음 드러났을 때에는 그 면적이 39제곱킬로미터였다. 2017년에는 무려 27,730제곱킬로미터로 늘어났다. 뉴저지주만 한 면적이었다. 전 세계의 연안 해역에서 발견된 이런 죽음의 해역은 수백 곳에 달하며, 모두 해양생물에게 치명적이다.

또 우리는 식량이나 거래를 위해 동식물을 선택적으로 이용함으로써, 종을 본래의 서식지에서 멀리 떨어진 곳으로 옮김으로써 생물 다양성에 직접 영향을 미친다. 후자 중에는 그곳의 생태계에 침입종이 되는 것도 있다. 지구에서 가장 독특하면서 위엄 있는 동물 중 하나인 코뿔소는 남획에 따른 피해의 상징이 되어 있다. 이 뿔의 가루에 최음 효과가 있다는 미신이 아시아 각지에 퍼져 있어서, 아프리카와 아시아에서 오래전부터 코뿔소 밀렵이 횡행했다. 그 결과 모든 코뿔소 집단은 멸종 위기에 처해 있고, 예전에 아프리카 중부 전역에 퍼져 있던 흰코뿔소는 야생에서 사실상 멸종했다. 전 세계에서 많은 조류와 포유류가 사냥으로 수가 대폭 줄어들었고, 콘도르에서 코끼리에 이르는 많은 종은 적극적인 보호 조치가 있어야만 우리 손주 대까지 살아남을 수 있을 것이다.

많은 사람들은 육지에 비해 바다는 아주 넓어서 아직 자연의 모습을 고스란히 간직하고 있다고, 즉 인류의 파괴 행위의 피해를 거의 안 입고 있다고 본다. 그러나 최근 들어서 그런 생각이 잘못되었음이 드러나고 있다. 상업적 어업 활동을 살펴보기만 해도 남획이 얼마나 심각한지를 알 수 있다. 현재 약 30억 명이 주로 해산물을 통해 단백질을 섭취하지만, 최근 수십 년 사이에 세계 어종 중 1/6이 붕괴했다. 남아 있는 모든 상업적 어업의 대상인 어종 가운데 30퍼센트는 지속 가능한 한계 너머까지 남획되어 왔으며, 나머지 어종도 대부분 생태적 한계까지 내몰려 왔다. 캐나다 동부 그랜드뱅크스 해역의 대구 개체군 붕괴는 상황이 얼마나 심각해질 수 있는지를 보여주는 사례다. 1958년에는 대구 어획량이 80만 톤이 넘었는데, 1992년에는 상업적 어획을 금지한다고 선언할 지경에 이르렀다. 대구 어업은 인접한 뉴펀들랜드 지역의 문화적 토대였는데 그것이 끝장난 것이다. 상업적 어획은 금지되었지만, 거의 30년이 흐른 지금도 대구의 수는 회복되지 않았다.

게다가 바다가 방대하다고 해서 오염이 안 되는 것은 아니다. 지금 1분마다 쓰레기차 1대 분량의 플라스틱이 바다로 흘러든다고 추정된다. 세계 여러 해역의 동물들에게는 치명적이다.

서식지 파괴, 오염, 남획, 침입종은 한 세기 넘게 자연 생태계를 없애 왔다. 유럽인이 들어온 이래로 호주의 토착 포유류 종이 10퍼센트 이상 사라졌고, 1970년 이래로 북아메리카의 조류 개체 수가 거의 30퍼센트 줄어들었고, 지난 10년 사이에 유럽 초원의 곤충 개체 수가 거의 80퍼센트 줄었다는 뉴스를 읽을 때, 그 냉정한 통계는 대체로 이런 활동들의 결과물이다.

그러나 우리 손주들이 인류가 지구에 끼치는 가장 심각한 영향이라고 인식하게 될 것은 마냥 계속 진행되고 있다. 21세기가 흐르는 동안 서식지 파괴 같은 일들은 없어지지도 않을 것이고, 그 자체로 극적인 변화를 겪고 있는 지구에서 전개될 것이다. 계속 진행될 거대한 이야기는 지구 온난화, 즉 인류가 탄소 주기에 관여함으로써 생기는 지구 자체에 일어나는 변화다.

이 점점 커져가는 폭풍을 이해하려면, 이산화탄소와 기후 사이의 근본적인 관계, 더 넓게는 탄소 주기에서 지구와 생명 사이의 상호작용으로 다시 돌아가야 한다. 요약하자면, 식물을 비롯한 광합성 생물들은 탄소를 고정하여 성장과 번식에 필요한 생명분자를 만들기 위해서, 대기와 물에서 이산화탄소를 제거한다. 동물, 균류, 무수한 미생물은 호흡을 통해 얻은 산소로 이런 생명분자를 분해함으로써 에너지를 얻고, 탄소를 다시 이산화탄소의 형태로 환경으로 돌려보낸다. 광합성과 호흡은 서로 거의 균형을 이루지만, 완전히는 아니다. 여기서 "완전히는 아니다"라는 말은 호흡 및 관련 과정을 피해서 퇴적물로 쌓이는 유기물이 있어서다. 이 묻힌 유기물 중 일부는 변형되어 석유, 석탄, 천연가스를 형성한다. 이런 화석 연료는 수백만 년에 걸쳐서 아주 천천히 지표면의 탄소 순환 과정으로 복귀할 것이다. 지구조 활동으로 퇴적층이 산맥으로 솟아올랐다가 화학적 풍화와 침식으로 드러나면서다. 적어도 산업 혁명이 일어나기 전까지는 그런 식으로 진행되었다.

탄소 순환의 물리적 측면을 보면, 이산화탄소는 화산 분출을 통해 대기로 추가되고, 화학적 풍화를 통해서 제거된다. 제거된 탄소는 이윽고 석회암으로 쌓인다. 이 과정들이 조합되어서 대기의 이산화탄소 양을 결정한다. 그리고 이산화탄소는 강력한 온실가스이므로, 기후도 조절한다. 7장에서 설명했듯이, 2억 5,200만 년 전 페름기 말에 화산이 대규모로 분출하면서 대기로 엄청난 양의 이산화탄소를 뿜어냈고, 그 결과 지구 온난화, 해양 산성화(바닷물의 pH를 낮춤으로써 생물에게 생리적으로 중대한 영향을 미친다), 바닷물의 산소 결핍이 일어났다. 이윽고 육지와 바다 양쪽에서 생물 다양성이 급감했다. 화산 활동의 여파로 지구가 더워지자, 화학적 풍화 속도가 증가했고, 수천 년이 흐르자 대기 이산화탄소 농도는 격변 이전의 수준으로 돌아갔다.

화산은 탄소 순환을 난장판으로 만드는 자연의 장치일 수 있는데, 인간은 그에 못지않게 강력한 새로운 메커니즘을 도입했다. 바로 화석 연료를 태우고 경작하기 위해 숲을 없애는 것이다. 수억 년에 걸쳐서 형성된 석탄, 석유, 천연가스는 지금 엄청난 속도로 탄소를 대기로 돌려보내고 있다. 21세기에 인류는 전 세계의 모든 화산에서 뿜어지는 양을 더한 것보다 100배 더 많은 이산화탄소를 대기로 뿜어내고 있다. 인간은 기술 발전에 힘입어서 이산화탄소를 대기와 바다로 집어넣는 속도를 대폭 증가시켰지만, 제거 속도를 높이는 쪽으로는 (아직까지) 손을 놓고 있다. 그래서 우리 주변의 대기에서 이산화탄소 농도가 증가한다.

지구가 더 더워질수록 이윽고 화학적 풍화 속도도 증가하면서, 페름기 말 대멸종 이후에 일어난 것처럼 대기 이산화탄소 농도는 다시 떨어질 것이다. 그러나 과거에 그랬듯이, 그 일에는 수천 년이 걸릴 것이다. 우리 자신, 우리 아이들, 우리 손주들의 생애라는 관점에서 보면, 이산화탄소 농도는 일방적으로 계속 치솟을 뿐이다.

우리는 측정할 수 있기에, 대기 이산화탄소 농도가 증가하고 있음을 안다(〈그림 8-4〉). 1958년 찰스 데이비드 킬링Charles David Keeling은

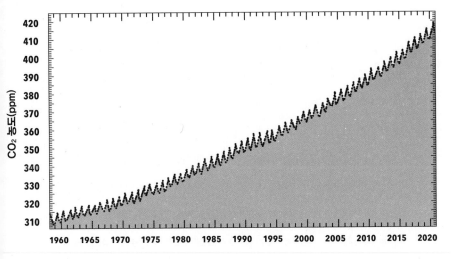

그림 8-4 하와이 마우나로아 화산 정상에 있는 관측소에서 1958년부터 매시간 측정한 대기 이산화탄소의 양. 연간 일어나는 소규모 변동은 남반구보다 육지가 더 많은 북반구에서 여름에 광합성이 더 많이 일어나 대기 이산화탄소 농도가 조금 낮아지기에 나타난다. 북반구에 겨울이 오면 광합성이 줄어들지만 호흡률은 거의 변화가 없기에 대기 이산화탄소가 늘어난다.

하와이 마우나로아 화산 꼭대기에 있는 관측소에서 1시간 단위로 대기 조성을 관측하는 일을 시작했고, 그 관측은 지금까지 계속되고 있다. 킬링이 관측을 시작할 당시, 하와이 상공의 이산화탄소 농도는 316ppm이었다. 2020년 5월에는 417ppm으로 치솟았다. 지구가 수백만 년 전에 마지막으로 접했던 수준이다. 극적인 사회적 변화가 일어나지 않는 한, 금세기 중반에는 500ppm에 다다를 것이고, 그 결과 세계가 더워지면서 인류나 우리의 사람족 조상들이 겪어보지 못한 수준으로 남극대륙의 빙하가 녹기 시작할 것이다.

우리는 관측한 이산화탄소 농도 증가가 주로 화석 연료를 태운 결과임을 안다. 그 연소가 대기에 화학적 표식을 남기기 때문이다. 지난 60년 동안 일부 과학자들은 대기의 이산화탄소 양을 측정했고, 그 이산화탄소의 탄소 동위원소 조성도 측정했다. 탄소의 두 안정한 동위원소인 탄소-12와 탄소-13의 비율은 지구의 주요 탄소 저장고 사이에 차이를 보이며, 이 차이를 이용하면 대기로 들어온 이산화탄소가 어디에서 왔는지를 알 수 있다. 화산 가스에 섞인 이산화탄소나 바닷물에 녹아 있는 이산화탄소의 동위원소 조성은 대기 이산화탄소의 동위원소 조성 변화를 설명하지 못한다. 반면에 광합성을 통해 형성된 유기물은 그 조성 변화를 설명하기에 딱 맞다. 안정한 동위원소 자료만 놓고 보면 대기에 추가된 이산화탄소의 원천은 삼림 개간이나 화석 연료에서 왔을 가능성이 높다고 말할 수 있고, 여기에 세 번째 동위원소인 탄소-14의 분석 자료까지 추가하면 답은 명확해진다. 탄소-14는 방사성을 띠며, 수천 년에 걸쳐서 붕괴하여 질소로 변한다. 살아 있는 생물의 몸에는 어느 정도 들어 있지만, 수백만 년 된 화석 연료에는 거의 들어 있지 않다. 대기 이산화탄소의 탄소-14 비율은 인구가 불어나면서 에너지와 난방을 위해 때는 석탄, 석유, 천연가스의 양이 점점 늘어나는 것이 대기 이산화탄소 증가의 주된 원천이라고 볼 때와 딱 들어맞는 양상으로 낮아져 왔다.

그림 8-5 지난 140년 동안의 지구 기온. 이 그래프는 5월의 기온이 20세기 평균 기온에서 얼마나 벗어나는지를 보여준다. 1940년 이전에는 지구 기온이 20세기 평균값보다 계속 낮은 상태로 유지되었다. 1978년부터는 계속 더 높은 상태였고, 해가 갈수록 더 높아지고 있다.

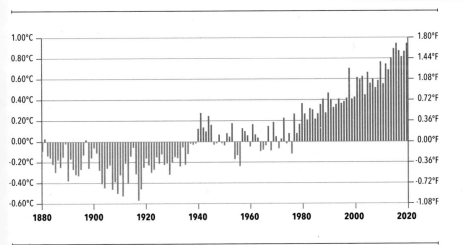

대기로 온실가스를 뿜어낼 때 우리는 지표면이 더워질 것이라고 예상했어야 하며, 바로 그런 일이 지금 일어나고 있다. 우리는 그것도 측정할 수 있다(〈그림 8-5〉). 현재 우리는 인공위성으로 세계를 관측하고 있지만, 한 세기 전의 기온은 오래된 기상학과 해양학 기록으로부터 뽑아내야 한다. 따라서 어느 정도 불확실성이 생긴다. 그렇긴 해도 지난 100년 동안 지표면의 평균 기온이 1℃에 조금 못 미치는 수준으로 증가했으며, 저위도보다 극지방의 온도 증가가 더 빠르게 일어났다는 데에는 과학자들의 의견이 일치한다. 대다수 국가가 서명한 파리 협정(2016)은 기온이 산업화 이전 시대를 기준으로 2℃ 미만까지만 올라가도록 억제해야 한다고 세계에 촉구한다. 이미 그 목표의 절반까지 올라간 상태이며, 성공하면 엄청난 혜택이 따라오겠지만 기존 생활방식을 상당히 바꾸지 않는 한 우리는 실패할 것이다.

지구가 더워지면 어떤 결과가 나타날까? 어느 정도는 자신이 어디에 사느냐에 따라 다르다. 즉 승자와 패자가 있을 것이다. 최근에 나온 추정값에 따르면, 2050년경에 토론토는 지금의 수도 워싱턴과 비슷한 기후를 갖게 될 것이라고 한다. 일부 캐나다인들은 눈을 덜 보게 되겠지만, 지금도 가뜩이나 찌는 날씨를 겪고 있는 워싱턴 주민들은 2050년 여름이면 감당할 수 없는 수준의 열기와 습도를 접하게 될 것이다. 브루킹스 연구소는 캐나다와 국경을 접하고 있는 미국 주들이 적어도 조금은 21세기 기후 변화의 혜택을 볼 것이라는 연구 결과를 내놓았다. 거꾸로 남쪽 주들은 경제적 피해를 입을 것이며, 현재보다 소득이 15퍼센트 이상 줄어드는 지역들도 있을 것이다. 여기에서 어떤 낭만적인 정의 구현을 떠올릴 이들도 있겠지만—기후 변화를 부정하는 이들이 가장 많이 사는 지역에 가장 큰 경제적 부담이 가해지므로—결국에는 우리 모두가 지구 온난화의 대가를 치르게 될 것이다. 그리고 기온이 변하면 강수 양상도 변할 것이다. 물 부족은 이미 지정학적 위기를 불러일으키고 있으며, 21세기에 더욱더 중요한 현안으로 대두될 것이다. 미국의 남서부, 중동의 인구 밀집 지역, 아프리카 남서부, 이베리아반도 등에서는 강수량이 줄어들 것이라고 예측된다. 계절에 따라 산꼭대기의 빙하가 녹아서 흘러내리는 물에 의지하는 저지대 주민들이 전 세계에 약 20억 명에 달하는데, 빙하가 줄어들다가 이윽고 사라질 것이기에 그들도 심한 물 부족에 직면할 것이다.

이미 더 잦아지고 있는 극단적인 날씨도 21세기와 그 이후에 대처해야 할 중요한 현안이다. 캘리포니아와 호주에서 일어나곤 하는 대규모 화재는 열기와 가뭄이 어떤 결과를 빚어내는지를 잘 보여준다. 예전에는 그런 조건이 드물게 나타났지만 지금은 다르다. 물론 지구 온난화가 가속될수록, 극단적인 날씨가 전 세계에서 더 흔해질 것이라고 예상된다. 그러면 식량 안보와 정치적 안정에도 엄청난 파장이 미칠 것이다.

그러면 자연 세계는 어떻게 될까? 서식지 파괴, 남획, 오염, 종침입이 만연한 가운데 엎친 데 덮친 격으로 지구까지 점점 더워진다면, 식물, 동물, 미생물은 어떻게 반응할까? 환경 변화에 직면한 생물 집단은 적응하거나 이주하지(자신들이 선호하는 서식지가 옮겨갈 때 함께) 않으면, 멸종할 수 있다. 생물학자들은 빠른 적응이 이루어지는 놀라운 사례들도 발견해 왔지만, 21세기에 빠른 속도로 일어나는 세계적인 변화는 많은 종들에 힘겨운 도전과제가 될 것이다. 이주도 마찬가지로 힘겨울 것이다. 21세기 세계에서는 이주 경로가 경작지, 도시, 고속도로에 막혀 있곤 할 테니까. 이런 상황에서, 세 번째 대안이 진행되는 일을 최소화하려면 어떻게 해야 할까?

국립공원, 보호 구역, 그 밖의 생물 보호 지역들은 서식지 파괴 등으로 위협을 받고 있는 종을 보전하는 데 매우 중요한 역할을 한다. 우리는 보호 구역을 마련해야 하며, 그런 곳들이 늘어날수록 엄청난 혜택을 보게 될 것이다. 그러나 보호 구역의 기후가 계속 변화하는 상황에서, 어떻게 하면 종을 잘 보전할 수 있을까? 이주를 촉진할 생태 통로까지 확보하여 보호한다면 도움이 되겠지만, 어느 지역을 보호하느냐 여부를 떠나서, 기후 변화는 많은 종의 분포 양상을 바꿀 것이다. 예전에 서로 만날 일이 없던 종들이 한곳에 모이게 될 것이고, 그런 일이 일어날 때 종간 경쟁과 생태계 복원력에 어떤 결과가 빚어질지 우리는 거의 알지 못한다.

기후 변화가 가속되고 있는 상황에서도 바다는 멀쩡히 있는 양 보이곤 한다. 너무나 드넓어서 인간의 영향을 그다지 받지 않는 양 보이는 것처럼 말이다. 그러나 그런 인식은 터무니없을 만치 잘못된 것이다. 무엇보다도 지금 해수면이 상승하고 있다. 빙하가 녹아서 바다로 흘러들고 수온이 올라 바닷물이 팽창하고 있어서다. 20세기에 지구의 평균 해수면은 15~20센티미터 상승했고, 최근 들어서 더 가속되고 있다. 2100년까지 얼마나 오를지는 여러 가지 불확실한 측면들이 많아서 정확히 추정하기 어렵지만, 50~100센티미터는 더 오를 것이라는 예측이 대부분이다. 얼마 안 되는 양 들릴지도 모르지만, 베네치아, 방글라데시, 태평양 환초, 플로리다에 산다면, 해수면 상승으로 삶이 크게 달라질 것이다. 그리고 해수면이 상승할 때, 바닷물의 물리적 특성도 달라질 것이다. 대기 이산화탄소가 증가할 때, 육지 표면과 마찬가지로 바다도 당연히 더 따뜻해질 것이다. 바닷물이 따뜻해질수록, 산소는 물에 덜 녹게 되므로 바다에서 산소가 사라질 것이다. 심해는 더욱 그럴 것이다. 그리고 인간 활동으로 배출되는 이산화탄소의 상당 부분을 바다가 사실상 흡수하므로, 그만큼 바닷물의 pH는 낮아질 것이다(해양 산성화). 그렇다. 페름기 말 화산 활동이 불러낸 살해자 3인조는 21세기에 다시 돌아올 것이다. 이미 걸음을 내디디고 있다.

세계의 다른 곳들과 마찬가지로, 호주의 그레이트배리어리프도 변화하는 행성이 어떤 뒤얽힌 난제들과 마주하고 있는지를 잘 보여준다. 길이가 2,300킬로미터에 달하는 경이로운 산호 목걸이 같은 이 세계 최대의 대보초는 수백만 년 동안 호주 북동부 해안에 버티고 있었고, 엄청나게 다양한 생물상을 유지하는 한편으로, 인접한 육지를 폭풍으로부터 보호하는 방파제 역할을 한다. 이렇게 오랜 역사를 지닌 산호초이지만, 최근의 연구에 따르면 1987~2012년에 이 산호초에서 살아 있는 산호 덮개 부분의 약 50퍼센트가 사라졌다고 한다. 주로 농업 유출수를 통해 흘러든 영양소 덕분에 불어난 게걸스러운 불가사리와 더욱 강해진 사이클론 때문이다. 수온이 올라가고 pH가 낮아지면서, 압박은 더욱더 심해지고 있다.

연구실과 현장에서 이루어진 수십 건의 실험들은 바닷물의 pH 가 낮아질 때 산호가 탄산염을 분비하여 뼈대를 만드는 능력이 줄어 든다는 것을 보여준다. 따라서 해양 산성화가 가속됨에 따라서, 산호 는 산호초를 구축하고 생물 다양성을 유지하는 석회암 뼈대를 만들 능력을 상실할 수도 있다. 그리고 수온이 상승함에 따라서, 또 다른 문제가 정면으로 나선다. 산호는 기본적으로 농부다. 대개 몸속에 사 는 조류로부터 영양소를 수확하면서 살아간다. 그런데 놀랍게도 수 온이 어떤 한계점을 넘어서면, 산호의 몸속에 있던 조류가 빠져나간 다. 이를 백화 현상bleaching이라고 한다. 조류가 빠져나가면 산호가 하 얗게 변하기 때문이다. 예전에는 극단적인 수온 변화가 비교적 드물 게 일어났기에, 백화한 산호는 대개 다른 조류를 받아들임으로써 회 복되곤 했다. 그러나 지금은 수온 증가로 백화 사건이 더욱 잦아지면 서 산호가 죽음을 맞이하곤 한다.

2016년과 2017년에는 그레이트배리어리프의 북부에 연이어 백 화 현상이 일어나면서 산호 군체의 약 50퍼센트가 죽었다. 2020년에 도 다시금 백화 현상이 일어나서 대보초 전역에서 많은 산호가 죽었 다. 용감한 생물학자들은 태평양의 곳곳에서 내온성 산호를 발견했 고, 이런 산호와 산호 복원 사업들은 전 세계의 산호초 생태계를 유지하는 데 도움을 줄 수도 있다. 그러나 지구의 이 가장 독특한 생태계 중 일부는 이미 사라져가고 있다.

우리 시대를 인류세$^{Anthropocene\ Epoch}$라고 따로 구분하는 지질학자들이 점점 늘고 있다. 인류가 주변 세계에 엄청난 영향을 미쳐 왔고, 그래서 이전 시대와 달라졌음을 강조하기 위해서다. 나는 미래에 우리 세계를 돌아보는 지질학자와 고생물학자는 현대가 특이한 시대였음을 인정할 가능성이 높다고 본다. 드물게 지질학적으로 빠른 환경 변화 속도와 고생대와 중생대를 끝장낸 대멸종 수준은 아니라고 해도(희망 사항이다) 그에 버금가는 수준의 생물 다양성 감소가 뚜렷했던 시대다. 그러나 인류가 일으킨 세계적 변화와 연관된 모든 현상 중에서 아마 가장 놀라운 점은 인류의 반응일 것이다. 현재까지 인류의 반응은 뜨뜻미지근하다. 마치 경고를 전혀 받지 못했다는 태도다. 일찍이 1957년 해양학자 로저 레벨$^{Roger\ Revelle}$은 대기의 이산화탄소 농도가 증가할 때 전 세계의 기후와 생태계가 어떻게 바뀔지를 명확히 보여주었다. 그 뒤로 10년이 지날 때마다 과학자들의 메시지는 점점 더 명확해져ㅡ그리고 점점 더 섬뜩해져ㅡ갔다. 수십 년에 걸쳐서 서서히 일어나는 변화에 사람들이 흥분한다는 것 자체가 어려워 보이지만, 이 시간 단위는 오해를 불러일으킨다. 당신이 만약 스무 살이라면, 우리는 당신의 평생에 걸쳐 일어난 심각한 변화를 말하고 있는 것이 된다. 당신이 예순이라면, 우리는 당신의 손주가 직면할 세계를 말하는 것이 된다. 화재, 태풍, 물 부족, 어획량 감소, 난민 문제 등 오늘날 세계가 직면한 문제들이 아무리 심각해 보일지라도, 시간이 흐를수록 그런 문제들은 더욱 악화될 것이다.

　물론 현 상황이 유지되어야 경제적 이득을 얻기 때문에 세계적 변화에 관한 왜곡된 정보를 퍼뜨리는 이들도 있다. 오래전에 일어난 암과 흡연을 둘러싼 논쟁 덕분에 우리는 내일의 더 나은 세계보다 오늘의 경제적 이득을 우선시하는 이들에 관해 많은 것을 알 수 있었다. 수수방관하는 자들이 내놓는 경제적 주장은 이기적이고 허울만 그럴듯하다. 그들은 손을 놓고 있을 때의 비용을 고려하지 않기 때문이다. 최근의 추정값에 따르면, 현재 우리가 삶과 일의 방식을 수정하는 데 1달러를 들이면 금세기 말에는 5달러의 배당금을 받을 것이라고 한다.

　미래의 기후와 그 결과를 예측하는 일에는 당연히 불확실성이 있다. 위대한 물리학자 닐스 보어 Niels Bohr 는 "예측, 특히 미래 예측은 하기가 어렵다"라고 재담을 했다는데, 실제로 보어가 했든 딴 사람이

했든 간에, 그 말이 진실임은 부정할 수 없다. 21세기 기후 변화에 관한 이전의 예측들은 들어맞지 않는 부분들이 있었지만, 대부분은 변화의 속도를 과소평가했기 때문이었다. 과학자들은 본래 보수적이며, 우리는 지금까지 간과했던 피드백^{feedback}(되먹임)들 때문에 지구 온난화 속도가 더 빨라지고 더욱 심각한 결과가 빚어진다는 사실을 계속 깨닫고 있다. 따라서 아마 우리가 할 수 있는 최상의 예측은 인간 활동이 금세기에 일으킬 가능성이 가장 적은 쪽이 "아무런 변화도 없음"이며, 현재의 모델들이 예측하는 것보다 변화가 훨씬 더 빨리 더 심각하게 일어날 가능성이 높다는 것이다.

미래에 관한 암울한 예측은 절망과 체념을 가져올 수도 있지만, 실제로는 찰스 디킨스^{Charles Dickens}의 『크리스마스 캐럴^{A Christmas Carol}』 중 〈미래 크리스마스의 유령〉 이야기와 매우 흡사하다. 이 유령은 스크루지에게 지금까지 하던 짓을 그대로 할 때 어떤 일이 일어날지를 알려주었다. 스크루지는 모든 이에게 도움이 되는 방향으로 행동을 바꾸었다. 40억 년에 걸친 진화를 통해 빚어진 자연 세계를 보전하면서 우리의 사회적 미래를 지킨다는 것이 분명히 엄청난 도전과제임에는 분명하지만, 아무것도 하지 않고 넘어간다면 해가 갈수록 그 일은 더 커지고 더 절박해진다. 그러나 전 세계의 힘을 모은다면, 우리는 안전하고 온전한 세계를 물려줄 능력을 지니고 있다.

서구 선진국은 식량, 주거, 교통에 관해 현명한 선택을 함으로써 환경 발자국을 줄일 수 있고, 생활 조건을 개선하고자 열망하는 전 세계의 사람들에게 지속 가능한 대안을 제공할 수 있다. 시민으로서의 우리는 생물학적 다양성을 보전하는 사업과 지구 친화적인 기술의 개발을 지원할 수 있다. 지속 가능한 에너지 자원을 온전히 활용하는 데 필요한 새로운 유형의 배터리와 대기의 이산화탄소를 추출하는 메커니즘 같은 것이 금방 머릿속에 떠오를 것이다. 조지 워싱턴 George Washington은 미국인들에게 고별 연설을 할 때, "우리 자신이 져야 하는 부담을 후대에 비열하게 떠넘기지" 말라는 유명한 경고를 남겼다. 워싱턴이 말한 것은 세금과 국가 부채였지만, 그의 말은 세계 기후 변화와 그 결과에도 마찬가지로 적용된다. 한 세대 전에 미국과 동맹국들은 엄청난 재능과 자원을 폭탄을 만드는 데 집중했다. 우리는 손주 세대에게 더 나은 세계를 물려주기 위해서도 동일한 수단들을 동원할 수 있지 않을까?

우리는 40억 년에 걸친 물리적 및 생물학적 유산 위에 서 있다. 우리는 삼엽충이 고대 해저를 기어 다녔던 곳, 공룡이 은행나무가 빽빽했던 언덕을 쿵쿵거리며 다녔던 곳, 매머드가 얼어붙은 평원을 돌아다녔던 곳을 걷고 있다. 예전에는 그들의 세계였지만, 지금은 우리의 세계다. 물론 우리와 공룡의 차이는 우리가 과거를 이해하고 미래를 내다볼 수 있다는 것이다. 우리가 물려받은 세계는 우리의 것임과 동시에 우리가 책임져야 하는 것이기도 하다. 다음에 어떻게 될지는 우리에게 달려 있다.

감사의 말

이 책은 우리 행성과 이 행성이 부양하는 생명을 이해하고자 평생을 바쳐서 얻은 결실을 요약한 것이다. 5개 대륙에서 연구를 하고 오벌린 대학을 거쳐서 하버드에서 거의 40년 동안 학생들을 가르치면서, 나는 지구의 과거와 현재에 관해 많은 것을 배웠다. 아마 미래에 관해서도 좀 알게 되었을 것이다. 이런 노력을 계속하는 동안, 나는 많은 이들로부터 지혜, 협력, 지원을 받았다.

과학자들은 대개 두 지적 흐름의 융합점에 서 있다. 첫째, 교사를 통해서 우리에게 전달되는 흐름이 있다. 나는 지구 최초의 생명을 연구하는 고생물학 분야의 개척자인 엘소 바군Elso Barghoorn, 지구 환경 역사의 토대를 닦은 위대한 지구화학자 딕 홀랜드Dick Holland, 진화에 관심을 갖게 한 스티븐 제이 굴드[Stephen Jay Gould], 퇴적암을 꼼꼼히 들여다보라고 조언한 레이 시버[Ray Siever], 남세균에 관해 알려준 스티브 걸러빅[Steve Golubic]으로부터 많은 것을 배웠다. 또 한 흐름은 우리 연구실에서 일하는 학생들 및 박사후 연구원들과 이어진다. 양쪽 방향으로 꾸준히 흐르는 착상과 통찰의 흐름이다. 우리 연구실을 거쳐 간 뛰어난 과학자들은 고생물학, 지구생물학, 지구 역사라는 분야에서 새로운 연구 흐름을 빚어내고 있다. 나는 그들 모두가 자랑스러우면서, 한편으로 그들에게 고마움을 느낀다.

지난 세월 동안 나는 500명이 넘는 이들과 과학 논문을 공동 저술해 왔다. 그들 모두에게 감사하긴 하지만, 안타깝게도 이 자리에 이름을 다 적을 수는 없다. 그래도 특별히 감사를 드려야 할 분들이 있다. 생물지구화학에 관해 내가 알아야 할 모든 것을 가르친 존 헤이어스[John Hayes], 극지 연구를 소개한 킨 수에트[Keene Swett]와 브라이언 할런드[Brian Harland], 호주 아웃백을 무수히 함께 탐사한 동료이자 친구인 맬컴 월터[Malcolm Walter], 시베리아의 지질 탐사 동료인 미샤 세미카토프[Misha Semikhatov]와 볼로댜 세르게예프[Volodya Sergeev], 내 고생물학적 직감을 실험으로 옮긴 마리오 조르다노[Mario Giordano], 나미비아와 시베리아에서 화성(적어도 가상으로)에 이르기까지, 지난 30년 동안 현장 조사를 함께 다닌 존 그로칭거[John Grotzinger], 오래전부터 진화를 새로운 관점으로 보라고 권유한 딕 뱀버치[Dick Bambach]다.

어니스트 헤밍웨이[Ernest Hemingway]는 소설책을 펴낼 때 맥스웰 퍼킨스[Maxwell Perkins]의 도움을 받았는데, 운 좋게도 내 곁에는 피터 허버드[Peter Hubbard]가 있었다. 이 책은 피터의 착상에서 나왔으며, 그의 지원, 조언, 건설적 비판이 모든 쪽에 녹아 있다. 또 책이 나오기까지 뛰어난 전문 능력으로 힘써준 하퍼콜린스 출판사의 몰리 겐델[Molly Gendell]을 비롯한 모든 분들께도 감사한다. 그리고 이 책에 실린 사진을 아낌없이 제공한 아타카마 대형 밀리미터 집합체, 마테오 치넬라토[Matteo Chinellato](위키, 크리에이티브 커먼스), 마리 타프 맵스 LLC, 라몬트-도허티 지구 관측소, 딥타임맵스의 론 블레이키[Ron Blakey], 스미소니언 국립 자연사 박물관, 미국 자연사 박물관, 튀빙겐의 에버하트칼스대학교의 고대문화 박물관, 스크립스 해양학 연구소, 국립해양대기국, 친구와 동료인 주 마오얀[Zhu Maoyan], 닉 버터필드[Nick Butterfield], 슈하이 샤오[Shuhai Xiao], 가이 나르본[Guy Narbonne], 만시 스리바스타바[Mansi Srivastava], 프랭키 던[Frankie Dunn], 알렉스 리우[Alex Liu], 미샤 페던킨[Misha Fedonkin], 장베르나르 카롱[Jean-Bernanrd Caron], 알렉스 브레지어[Alex Brasier], 한스 커프[Hans Kerp], 한스 스퇴르[Hans Steur], 닐 슈빈[Neil Shubin], 마이크 노바

체크[Mike Novacek], 애덤 브럼[Adam Brumm]에게도 감사한다.

마지막으로 가장 중요한 이들인 우리 연구원들에게도 인사를 해야겠다. 마샤[Marsha], 커스턴[Kirsten], 롭[Rob]이다. 그들의 애정과 지원이 없었다면, 이 책(그리고 많은 연구 결과들)은 나올 수 없었다.

옮기고 나서

방대한 내용을 짧게 요약하기란 쉬운 일이 아니다. 하물며 46억 년에 걸친 지구 역사를 기존 지구 역사책의 절반에 불과한 분량으로 압축하다니!

이 책은 그 경이로운 일을 너무나도 능숙하게 해낸다. 수십 년 동안 지구 역사를 연구하면서 수백 명의 연구자들과 함께 일해 온 저 자는 지구 역사를 살펴볼 때 가장 중요한 것이 무엇인지를 잘 간파한 다. 지구 역사에는 공룡이나 꽃식물처럼 이야기할 거리가 차고 넘치 는 주제들이 아주 많다. 일단 말을 꺼내기만 하면, 각종 일화와 사건 등 흥미진진한 내용이 절로 떠오르면서 이야기가 어디로 흘러가는지 를 깜박하고서 술술 풀어가려는 유혹에 빠지게 만드는 것들이 가득하다. 게다가 수십 년을 연구했으니 오죽 많을까.

읽다 보면 저자가 그 모든 유혹을 뿌리치고서, 가장 큰 흐름에 초점을 맞추려고 애썼음이 잘 드러난다. 문장 하나에 많은 연구자들의 연구 성과가 집약되어 있을 때도 많다. 그런데도 이 책은 전혀 어렵지 않다. 난해한 용어가 전혀 없는 양 술술 읽힌다. 이렇게 요약하면 쪽마다 전문용어로 빽빽하게 채워질 법도 한데 전혀 그렇지 않다. 우리가 이미 여러 번 접했을 만한 용어들만으로 충분히 이야기를 끌어간다는 점에서도 경이롭다.

읽다 보면 저자가 의도한 대로, 지구 역사가 단순히 물리적 과정만의 산물도 아니고 생물 활동만의 산물도 아니라는 점을 저절로 깨닫게 된다. 지금의 지구 모습이 지금까지 살았던 모든 생물들이 환경과 상호작용하면서 빚어낸 공동의 산물임을 진정으로 알아차리게 된다. 그럼으로써 저자는 굳이 우리의 위기의식을 부추기지 않고서도 우리가 지구의 미래를 위해 어떤 일을 해야 할지를 자각하게 만든다.

1장 화학적 지구

참고 도서

- Eric Chaisson (2006). *Epic of Evolution: Seven Ages of the Cosmos.* Columbia University Press, New York, 478 pp.
- Robert M. Hazen (2012). *The Story of Earth: The First 4.5 Billion Years, from Stardust to Living Planet.* Viking, New York, 306 pp.
- Harry Y. McSween (1997). *Fanfare for Earth: The Origin of Our Planet and Life.* St. Martin's Press, New York, 252 pp.
- Neil de Grasse Tyson (2017). *Astrophysics for People in a Hurry.* W. W. Norton and Company, New York, 222 pp.

추가 참고 도서

- Edwin Bergin and others (2015). "Tracing the Ingredients

for a Habitable Earth from Interstellar Space Through Planet Formation." *Proceedings of the National Academy of Sciences, USA* 112: 8965–8970.

- T. Mark Harrison (2009). "The Hadean Crust: Evidence from >4 Ga Zircons." *Annual Review of Earth and Planetary Sciences* 37: 479–505.

- Roger H. Hewins (1997). "Chondrules." *Annual Review of Earth and Planetary Sciences* 25: 61–83.

- Anders Johansen and Michiel Lambrechts (2017). "Forming Planets via Pebble Accretion." *Annual Review of Earth and Planetary Sciences* 45: 359–87.

- Harold Levison and others (2015). "Growing the Terrestrial Planets from the Gradual Accumulation of Submeter-sized Objects." *Proceedings of the National Academy of Sciences, USA* 112: 14180–85.

- Bernard Marty (2012). "The Origins and Concentrations of Water, Carbon, Nitrogen and Noble Gases on Earth." *Earth and Planetary Science Letters* 313–14: 56–66.

- Anne Peslier (2020). "The Origins of Water." *Science* 369: 1058.

- Laurette Piani and others (2020). "Earth's Water May Have Been Inherited from Material Similar to Enstatite Chondrite Meteorites." *Science* 369: 1110–13.

- Elizabeth Vangioni and Michel Casse (2018). "Cosmic Origin of the Chemical Elements Rarety in Nuclear Astrophysics." *Frontiers in Life Science* 10: 84–97.

- Jonathan P. Williams and Lucas A. Cieza (2011). "Protoplanetary Disks and Their Evolution." *Annual Review of Astronomy and Astrophysics* 49: 67–117.
- Kevin Zahnle (2006). "Earth's Earliest Atmosphere." *Elements* 2: 217–22.

2장 물리적 지구

참고 도서

- Charles H. Langmuir and Wally Broecker (2012). *How to Build a Habitable Planet: The Story of Earth from the Big Bang to Humankind.* Princeton University Press, Princeton, NJ, 736 pp.
- Alan McKirdy and others (2017). *Land of Mountain and Flood: The Geology and Landforms of Scotland.* None Edition, Birlinn Ltd., Edinburgh, Scotland, 322 pp. (This is an informative travel guide to Scotland; Mountain Press publishes a series of Roadside Geology books for curious travelers in the United States.)
- Naomi Oreskes, editor (2003). *Plate Tectonics: An Insider's History of the Modern Theory of the Earth.* Westview Press, Boulder, CO, 448 pp. (republished as an ebook in 2018 by the CRC Press).
- United States Geological Survey, website: "Understanding Plate Motions." https://pubs.usgs.gov/gip/dynamic/understanding.html.

추가 참고 도서

- Annie Bauer and others (2020). "Hafnium Isotopes in Zircons Document the Gradual Onset of Mobile-lid Tectonics." *Geochemical Perspectives Letters* 14: 1–6.
- Jean Bedard (2018). "Stagnant Lids and Mantle Overturns: Implications for Archaean Tectonics, Magmagenesis, Crustal Growth, Mantle Evolution, and the Start of Plate Tectonics." *Geoscience Frontiers* 9: 19–49.
- Ilya Bindeman and others (2018). "Rapid Emergence of Subaerial Landmasses and Onset of a Modern Hydrologic Cycle 2.5 Billion Years Ago." *Nature* 557: 545–48.
- Alec Brenner and others (2020). "Paleomagnetic Evidence for Modern-like Plate Motion Velocities at 3.2 Ga." *Science Advances* 6, no. 17, eaaz8670, doi:10.1126/sciadv.aaz8670.
- Peter Cawood and others (2018). "Geological Archive of the Onset of Plate Tectonics." *Philosophical Transactions of the Royal Society*, London. 376A: 20170405, doi: 10.1098/rsta.20170405.
- Chris Hawkesworth and others (2020). "The Evolution of the Continental Crust and the Onset of Plate Tectonics." *Frontiers in Earth Science* 8: 326, doi: 10.3389/feart.2020.00326.
- Anthony Kemp (2018). "Early Earth Geodynamics: Cross Examining the Geological Testimony." *Philosophical Transactions of the Royal Society*, London. 371A: 20180169, doi: 10.1098/rsta.2018.0169.
- Jun Korenaga (2013). "Initiation and Evolution of Plate Tectonics

on Earth: Theories and Observations." *Annual Review of Earth and Planetary Sciences* 41: 117–51.

- Craig O'Neill and others (2018). "The Inception of Plate Tectonics: A Record of Failure." *Philosophical Transactions of the Royal Society*, London. 371A: 20170414, doi: 10.1098/rsta.20170414.

3장 생물학적 지구

참고 도서

- David Deamer (2019). *Assembling Life: How Can Life Begin on Earth and Other Habitable Planets?* Oxford University Press, Oxford, UK, 184 pp.
- Paul G. Falkowski (2015). *Life's Engines: How Microbes Made Earth Habitable*. Princeton University Press, Princeton, NJ, 205 pp.
- Andrew H. Knoll (2003). *Life on a Young Planet: The First Three Billion Years of Life on Earth*. Princeton University Press, Princeton, NJ, 277 pp.
- Nick Lane (2015). *The Vital Question: Energy, Evolution and the Origins of Complex Life*. W. W. Norton and Company, New York, 360 pp.
- Martin Rudwick (2014). *Earth's Deep History: How It Was Discovered and Why It Matters*. University of Chicago Press, Chicago, 360 pp.

추가 참고 도서

- Abigail Allwood and others (2006). "Stromatolite Reef from the Early Archaean Era of Australia." *Nature* 441: 714–18.
- Giada Arney and others (2016). "The Pale Orange Dot: The Spectrum and Habitability of Hazy Archean Earth." *Astrobiology* 16: 873–99.
- Tanja Bosak and others (2013). "The Meaning of Stromatolites." *Annual Review of Earth and Planetary Sciences* 41: 21–44.
- Martin Homann (2018). "Earliest Life on Earth: Evidence from the Barberton Greenstone Belt, South Africa." *Earth-Science Reviews* 196, doi: 10.1016/j.earscirev.2019.102888.
- Emmanualle Javaux (2019). "Challenges in Evidencing the Earliest Traces of Life." *Nature* 572: 451–60.
- Gerald Joyce and Jack Szostak (2018). "Protocells and RNA Self-replication." *Cold Spring Harbor Perspectives in Biology*, doi: 10.1101/ cshperspect.a034801.
- William Martin (2020). "Older Than Genes: The Acetyl CoA Pathway and Origins." *Frontiers in Microbiology* 11: 817, doi: 10.3389/fmicb.2020.00817.
- Matthew Powner and John Sutherland (2011). "Prebiotic Chemistry: A New Modus Operandi." *Philosophical Transactions of the Royal Society*, London. 366B: 2870–77.
- Alonso Ricardo and Jack Szostak (2009). "Origins of Life on Earth." *Scientific American* 301, no. 3, Special Issue: 54–61.
- Eric Smith and Harold Morowitz (2016). *The Origin and Nature of*

Life on Earth: The Emergence of the Fourth Geosphere. Cambridge
University Press, Cambridge, UK, 691 pp.
- Norman Sleep (2018). "Geological and Geochemical Constraints
on the Origin and Evolution of Life." *Astrobiology* 18: 1199–1219.

4장 산소 지구

참고 도서
- John Archibald (2014). *One Plus One Equals One.* Oxford
University Press, Oxford, UK, 205 pp.
- Donald E. Canfield (2014). *Oxygen: A Four Billion Year History.*
Princeton University Press, Princeton, NJ, 196 pp.
- Nick Lane (revised edition, 2016). *Oxygen: The Molecule That
Made the World.* Oxford University Press, Oxford, UK, 384 pp.

추가 참고 도서
- Ariel Anbar and others (2007). "A Whiff of Oxygen Before the
Great Oxidation Event?" *Science* 317: 1903–6.
- Andre Bekker and others (2010). "Iron Formation: The
Sedimentary Product of a Complex Interplay Among Mantle,
Tectonic, Oceanic, and Biospheric Processes." *Economic Geology*
105: 467–508.
- David Catling (2014). "The Great Oxidation Event Transition."
Treatise on Geochemistry (second edition) 6: 177–95.

- T. Martin Embley and William Martin (2006). "Eukaryotic Evolution, Changes and Challenges." *Nature* 440: 623–30.
- Laura Eme and others (2017). "Archaea and the Origin of Eukaryotes." *Nature Reviews in Microbiology* 15: 711–23.
- Jihua Hao and others (2020). "Cycling Phosphorus on the Archean Earth: Part II. Phosphorus Limitation on Primary Production in Archean Oceans." *Geochimica et Cosmochimica Acta* 280: 360–77.
- Heinrich Holland (2006). "The Oxygenation of the Atmosphere and Oceans." *Philosophical Transactions of the Royal Society*, London. 361B: 903–15.
- Olivia Judson (2017). "The Energy Expansions of Evolution." *Nature Ecology and Evolution* 1: 138.
- Andrew H. Knoll and others (2006). "Eukaryotic Organisms in Proterozoic Oceans." *Philosophical Transactions of the Royal Society*, London. 361B: 1023–38.
- Timothy Lyons and others (2014). "The Rise of Oxygen in Earth's Early Ocean and Atmosphere." *Nature* 506: 307–15.
- Simon Poulton and Donald Canfield (2011). "Ferruginous Conditions: A Dominant Feature of the Ocean Through Earth's History." *Elements* 7: 107–12.
- Jason Raymond and Daniel Segre (2006). "The Effect of Oxygen on Biochemical Networks and the Evolution of Complex Life." *Science* 311: 1764–67.
- Bettina Schirrmeister and others (2016). "Cyanobacterial

Evolution During the Precambrian." *International Journal of Astrobiology* 15: 187-204.

5장 동물 지구

참고 도서

- Mikhail Fedonkin and others (2007). *The Rise of Animals: Evolution and Diversification of the Kingdom Animalia*. Johns Hopkins University Press, Baltimore, MD, 344 pp.
- Richard Fortey (2001). *Trilobite; Eyewitness to Evolution*. Vintage, New York, 320 pp.
- John Foster (2014). *Cambrian Ocean World: Ancient Sea Life of North America*. Indiana University Press, Bloomington, IN, 416 pp.
- Stephen Jay Gould (1990). *Wonderful Life: The Burgess Shale and the Nature of History*. W. W. Norton and Company, New York, 352 pp.

추가 참고 도서

- Graham Budd and Soren Jensen (2000). "A Critical Reappraisal of the Fossil Record of the Bilaterian Phyla." *Biological Reviews* 75: 253-95.
- Allison Daley and others (2018). "Early Fossil Record of Euarthropoda and the Cambrian Explosion." *Proceedings of the*

National Academy of Sciences, USA 115: 5323–31.

- Patricia Dove (2010). "The Rise of Skeletal Biominerals." *Elements* 6: 37–42.

- Douglas Erwin and James Valentine (2013). *The Cambrian Explosion: The Construction of Animal Biodiversity.* W. H. Freeman, New York, 416 pp.

- Douglas Erwin and others (2011). "The Cambrian Conundrum: Early Divergence and Later Ecological Success in the Early History of Animals." *Science* 334: 1091–97.

- P.U.P.A. Gilbert and others (2019). "Biomineralization by Particle Attachment in Early Animals." *Proceedings of the National Academy of Sciences, USA* 116: 17659–65.

- Paul Hoffman (2009). "Neoproterozoic Glaciation." *Geology Today* 25: 107–14.

- Andrew H. Knoll (2011). "The Multiple Origins of Complex Multicellularity." *Annual Review of Earth and Planetary Sciences* 39: 217–39.

- M. Gabriela Mangano and Luis Buatois (2020). "The Rise and Early Evolution of Animals: Where Do We Stand from a Trace-Fossil Perspective?" *Interface Focus* 10, no. 4: 20190103.

- Guy Narbonne (2005). "The Ediacara Biota: Neoproterozoic Origin of Animals and Their Ecosystems." *Annual Review of Earth and Planetary Sciences* 33: 421–42.

- Erik Sperling and Richard Stockey (2018). "The Temporal and Environmental Context of Early Animal Evolution: Considering

All the Ingredients of an 'Explosion.'" *Integrative and Comparative Biology* 58: 605-22.

- Alycia Stigall and others (2019). "Coordinated Biotic and Abiotic Change During the Great Ordovician Biodiversification Event: Darriwilian Assembly of Early Paleozoic Building Blocks." *Palaeogeography, Palaeoclimatology, Palaeoecology* 530: 249-70.
- Shuhai Xiao and Marc Laflamme (2008). "On the Eve of Animal Radiation: Phylogeny, Ecology and Evolution of the Ediacara Biota." *Trends in Ecology and Evolution* 24: 31-40.

6장 초록 지구

참고 도서

- Steve Brusatte (2018). *The Rise and Fall of the Dinosaurs: A New History of a Lost World*. HarperCollins, New York, 404 pp.
- Paul Kenrick (2020). *A History of Plants in Fifty Fossils*. Smithsonian Books, Washington, D.C., 160 pp.
- Neil Shubin (2008). *Your Inner Fish: A Journey into the 3.5-Billion-Year History of the Human Body*. Pantheon Books, New York, 229 pp.

추가 참고 도서

- Jennifer Clack (2012). *Gaining Ground: The Origin and Evolution of Tetrapods*. Second edition. Indiana University Press,

Bloomington, IN, 544 pp.

- Blake Dickson and others (2020). "Functional Adaptive Landscapes Predict Terrestrial Capacity at the Origin of Limbs." *Nature*: doi .org/10.1038/s41586-020-2974-5.

- Else Marie Friis and others (2011). *Early Flowers and Angiosperm Evolution*. Cambridge University Press, Cambridge, UK, 595 pp.

- Patricia Gensel (2008). "The Earliest Land Plants." *Annual Review of Ecology, Evolution and Systematics* 39: 459–77.

- Patrick Herendeen and others (2017). "Palaeobotanical Redux: Revisiting the Age of the Angiosperms." *Nature Plants* 3: 17015, doi: 10.1038/nplants.2017.15.

- Zhe-Xi Luo (2007). "Transformation and Diversification in Early Mammal Evolution." *Nature* 450: 1011–19.

- Jennifer Morris and others (2018). "The Timescale of Early Land Plant Evolution." *Proceedings of the National Academy of Sciences, USA* 115: E2274–83.

- Eoin O'Gorman and and David Hone (2012). "Body Size Distribution of the Dinosaurs." *PLOS One* 7(12): e51925.

- Jack O'Malley-James and Lisa Kaltenegger (2018). "The Vegetation Red Edge Biosignature Through Time on Earth and Exoplanets." *Astrobiology* 18: 1127–36.

- P. Martin Sander and others (2011). "Biology of the Sauropod Dinosaurs: the Evolution of Gigantism." *Biological Reviews* 86: 117–55.

- Chistine Strullu-Derrien and others (2019). "The Rhynie Chert."

Current Biology 29: R1218-23.

7장 격변의 지구

참고 도서

- Walter Alvarez (updated edition, 2015). *T. rex and the Crater of Doom*. Princeton University Press, Princeton, NJ, 208 pp.
- Michael Benton (2005). *When Life Nearly Died: The Greatest Mass Extinction of All Time*. Thames & Hudson, London, 336 pp.
- Douglas Erwin (updated edition, 2015). *Extinction: How Life on Earth Nearly Ended 250 Million Years Ago*. Princeton University Press, Princeton, NJ, 320 pp.

추가 참고 도서

- Luis W. Alvarez and others (1980). "Extraterrestrial Cause for the Cretaceous-tertiary Extinction." *Science* 208: 1095-108.
- Richard K. Bambach (2006). "Phanerozoic Biodiversity: Mass Extinctions." *Annual Review of Earth and Planetary Sciences* 34: 127-55.
- Richard K. Bambach and others (2004). "Origination, Extinction, and Mass Depletions of Marine Diversity." *Paleobiology* 30: 522-42.
- Seth Burgess and others (2014). "High-precision Timeline for Earth's Most Severe Extinction." *Procedings of the National*

Academy of Sciences, USA 111: 3316-21.

- Jacopo Dal Corso and others (2020). "Extinction and Dawn of the Modern World in the Carnian (Late Triassic)." *Science Advances* 6: eaba0099.

- Seth Finnegan and others (2012). "Climate Change and the Selective Signature of the Late Ordovician Mass Extinction." *Proceedings of the National Academy of Sciences, USA* 109: 6829-34.

- Sarah Greene and others (2012). "Recognising Ocean Acidification in Deep Time: An Evaluation of the Evidence for Acidification Across the Triassic-Jurassic Boundary." *Earth-Science Reviews* 113: 72-93.

- Pincelli Hull and others (2020). "On Impact and Volcanism Across the Cretaceous-Paleogene Boundary." *Science* 367: 266-72.

- Wolfgang Kiessling and others (2007). "Extinction Trajectories of Benthic Organisms Across the Triassic–Jurassic Boundary." *Palaeogeography, Palaeoclimatology, Palaeoecology* 244: 201-22.

- Andrew H. Knoll and others (2007). "A Paleophysiological Perspective on the End-Permian Mass Extinction and Its Aftermath." *Earth and Planetary Science Letters* 256: 295-313.

- Jonathan L. Payne and Matthew E. Clapham (2012). "End-Permian Mass Extinction in the Oceans: An Ancient Analog for the Twenty-First Century?" *Annual Review of Earth and Planetary Science* 40: 89-111.

- Bas van de Schootbrugge and Paul Wignall (2016). "A Tale of Two Extinctions: Converging End-Permian and End-Triassic

Scenarios." *Geological Magazine* 153: 332–54.

- Peter Schulte and others (2010). "The Chicxulub Asteroid Impact and Mass Extinction at the Cretaceous-Paleogene Boundary." *Science* 327: 1214–18.

8장 인간 지구

참고 도서

- Sandra Diaz and others, editors (2019). Intergovernmental Science-Policy Platform on Biodiversity and Ecosystem Services (IPBES), Summary for Policymakers of the Global Assessment Report of the Intergovernmental Science-Policy Platform on Biodiversity and Ecosystem Services. IPBES Secretariat. https://ipbes.net/global-assessment-report-biodiversity-ecosystem-services.
- Yuval Noah Harari (2015). *Sapiens: A Brief History of Humankind.* HarperCollins, New York, 443 pp.
- Louise Humphrey and Chris Stringer (2019). *Our Human Story.* Natural History Museum, London, 158 pp.
- Elizabeth Kolbert (2014). *The Sixth Extinction: An Unnatural History.* Henry Holt and Company, New York, 319 pp.
- Daniel Lieberman (2013). *The Story of the Human Body: Evolution, Health and Disease.* Vintage, New York, 460 pp.
- Mark Muro and others (2019). "How the Geography of Climate

Damage Could Make the Politics Less Polarizing." Brookings
Institution Report; https://www.brookings.edu/research/how-
the-geography-of-climate-damage-could-make-the-politics-less-
polarizing.(See also The Economist, September 21–27, 2019, pp.
31–32.)
- Callum Roberts (2007). *The Unnatural History of the Sea.* Island
Press, Washington, D.C., 435 pp.

추가 참고 도서

- Jean-Francois Bastin and others (2019). "Understanding Climate
Change from a Global Analysis of City Analogues." *PLOS One*
14(7): e0217592.
- Glenn De'ath and others (2012). "The 27-Year Decline of Coral
Cover on the Great Barrier Reef and Its Causes." *Proceedings of the
National Academy of Sciences, USA* 109: 17995–99.
- Sandra Diaz and others (2019). "Pervasive Human-driven Decline
of Life on Earth Point to the Need for Transformative Change."
Science 366: eaax3100, doi: 10.1126/science.aaw3100.
- Rudolfo Dirzo and others (2014). "Defaunation in the
Anthropocene." *Science* 345: 401–6.
- Jacquelyn Gill and others (2011). "Pleistocene Megafaunal
Collapse, Novel Plant Communities, and Enhanced Fire Regimes
in North America." *Science* 326: 1100–103.
- Peter Grant and others (2017). "Evolution Caused by Extreme
Events." *Philosophical Transactions of the Royal Society,* London.

372B: 20160146.

- Ove Hoegh-Guldberg and others (2019). "The Human Imperative of Stabilizing Global Climate Change at 1.5°C." *Science* 365: eaaw6974.
- Paul Koch and Anthony Barnosky (2006). "Late Quaternary Extinctions: State of the Debate." *Annual Review of Ecology Evolution and Systematics* 37: 215–50.
- Xijun Ni and others (2013). "The Oldest Known Primate Skeleton and Early Haptorhine Evolution." *Nature* 498: 60–64.
- Bernhart Owen and others (2018). "Progressive Aridification in East Africa over the Last Half Million Years and Implications for Human Evolution." *Proceedings of the National Academy of Sciences, USA* 115: 11174–79.
- Felisa Smith and others (2019). "The Accelerating Influence of Humans on Mammalian Macroecological Patterns over the Late Quaternary." *Quaternary Science Reviews* 211: 1–16.
- John Woinarski and others (2015). "Ongoing Unraveling of a Continental Fauna: Decline and Extinction of Australian Mammals Since European Settlement." *Proceedings of the National Academy of Sciences, USA* 112: 4531–40.
- Bernard Wood (2017). "Evolution: Origin(s) of Modern Humans." *Current Biology* 27: R746–69.

그림 출처

1장 화학적 지구

- 1-1 ALMA(ESO/NAOJ/NRAO)/NASA/ESA.
- 1-2 Matteo Chinellato(Wiki, Creative Commons).

2장 물리적 지구

- 2-1 Andrew H. Knoll
- 2-2 Bruce C. Heezen & Marie Tharp(1977). 1977/2003 Copyright by Marie Tharp. Marie Tharp Maps LLC 및 Lamont-Doherty Earth Observatory의 허가를 받아 복제.
- 2-3 Nick Springer/Springer Cartographics, LLC.
- 2-4 U.S. Geological Survey.
- 2-5 2016 Colorado Plateau Geosystems, Inc.

3장 생물학적 지구

- 3-1~7   Andrew H. Knoll

4장 산소 지구

- 4-1~4   Andrew H. Knoll
- 4-5   Maoyan Zhu, Nanjing Institute of Geology and Palaeontology.
- 4-6   Nicholas Butterfield, University of Cambridge.
- 4-7   Shuhai Xiao, Virginia Tech.

5장 동물 지구

- 5-1   Guy Narbonne, Queen's University
- 5-2   Mansi Srivastava, Harvard University
- 5-4   Alex Liu, University of Cambridge
- 5-5   Frankie Dunn, University of Oxford
- 5-6, 8   Shuhai Xiao, Virginia Tech
- 5-7   Mikhail Fedonkin, Geological Institute, Russian Academy of Sciences
- 5-9~11   Jean-Bernard Caron.

6장 초록 지구

- 6-1   Alex Brasier, University of Aberdeen
- 6-2   Hans Steur
- 6-3   Paleobotany Group, University of Munster
- 6-4   Neil Shubin, University of Chicago
- 6-5   © American Museum of Natural History/D. Finnin
- 6-6   © H. Raab(User: Vesta)/source: https://commons. wikimedia.org/wiki/File:Archaeopteryx_lithographica_ (Berlin_ specimen).jpg

7장 격변의 지구

- 7-1   Andrew H. Knoll
- 7-2   Sepkoski's Online Genus Database
- 7-3   Andrew H. Knoll

8장 인간 지구

- 8-2   Museum der Universitat Tubingen MUT, J. Liptak
- 8-3   Adam Brumm, Griffith University, photo credit Ratno Sardi
- 8-4   Scripps Institution of Oceanography
- 8-5   NOAA Climate.gov

찾아보기

지은이

앤드루 H. 놀 Andrew H. Knoll

하버드대학교 자연사 교수로서, 고故 스티븐 제이 굴드 박사와 함께 지구의 역사와 생명
에 대한 핵심 강의를 이끌었다. 40년 동안 하버드대에 있으면서 국제생물학상, 국립과학
원의 찰스둘리틀월코트 메달과 메리클라크톰프슨 메달, 고생물학회 메달, 런던지질학회
의 울러스턴 메달 등 다양한 상을 받았으며, 2018년엔 『생명 최초의 30억 년』으로 《사이
언스》의 파이베타카파도서상을 받았다. 학회뿐 아니라 CNN과 《타임》에서 최고의 고생
물학자로 선정되기도 한 놀은 지구 밖으로까지 연구 범위를 넓혀 20년 동안 나사의 화성
탐사 로버 팀으로도 일하고 있다. 놀은 자신의 연구를 일반에 소개하는 것에도 노력을 기
울여 모두가 지구에 대해 알기 쉽고 가깝게 느낄 수 있도록 대중화에 매진 중이다.

옮긴이
이한음

서울대학교에서 생물학을 전공한 후 과학과 인문·예술을 아우르는 번역가이자 과학도
서 저술가로 활동해 왔다. 저서로는 『투명 인간과 가상현실 좀 아는 아바타』, 『위기의 지
구 돔을 지켜라』 등이 있으며, 옮긴 책으로는 『노화의 종말』, 『바디: 우리 몸 안내서』, 『포
즈의 예술사』, 『고양이는 예술이다』 등이 있다.

지구의 짧은 역사
한 권으로 읽는 하버드 자연사 강의

초판 1쇄 발행 2021년 10월 15일
초판 4쇄 발행 2024년 1월 4일

지은이 앤드루 H. 놀
옮긴이 이한음
펴낸이 김선식

경영총괄 김은영
콘텐츠사업본부장 임보윤
책임편집 강대건 **책임마케터** 양지환
콘텐츠사업8팀장 전두현 **콘텐츠사업8팀** 김상영, 강대건, 김민경
편집관리팀 조세현, 백설희 **저작권팀** 한승빈, 이슬, 윤제희
마케팅본부장 권장규 **마케팅2팀** 이고은, 배한진, 양지환 **채널2팀** 권오권
미디어홍보본부장 정명찬 **브랜드관리팀** 오수미, 김은지, 이소영
뉴미디어팀 김민정, 이지은, 홍수경, 서가을, 문윤정, 이예주
크리에이티브팀 임유나, 박지수, 변승주, 김화정, 장세진, 박장미, 박주현
지식교양팀 이수인, 염아라, 석찬미, 김혜원, 백지은 **브랜드제휴팀** 안지혜
재무관리팀 하미선, 윤이경, 김재경, 이보람, 임혜정
인사총무팀 강미숙, 김혜진, 지석배, 황종원
제작관리팀 이소현, 김소영, 김진경, 최완규, 이지우, 박예찬
물류관리팀 김형기, 김선민, 주정훈, 김선진, 한유현, 전태연, 양문현, 이민운
외부스태프 표지·본문디자인 이슬기

펴낸곳 다산북스 **출판등록** 2005년 12월 23일 제313-2005-00277호
주소 경기도 파주시 회동길 490 다산북스 파주사옥 3층
전화 02-702-1724 **팩스** 02-703-2219 **이메일** dasanbooks@dasanbooks.com
홈페이지 www.dasanbooks.com **블로그** blog.naver.com/dasan_books
종이 IPP **인쇄** 한영문화사 **제본** 대원바인더리 **코팅·후가공** 평창피앤지

ISBN 979-11-306-4142-3 (03450)

다산북스(DASANBOOKS)는 독자 여러분의 책에 관한 아이디어와 원고 투고를 기쁜 마음으로 기다리고 있습니다.
책 출간을 원하는 아이디어가 있으신 분은 이메일 dasanbooks@dasanbooks.com 또는 다산북스 홈페이지 '투고원고'란으로
간단한 개요와 취지, 연락처 등을 보내주세요. 머뭇거리지 말고 문을 두드리세요.